Nuevas Ideas y Trucos
Guía práctica del hogar

— 2 —

Bricolaje, decoración y sencillos arreglos y mejoras

Dirección editorial: Raquel López Varela
Coordinación editorial: Ángeles Llamazares Álvarez
Diseño de la colección: David de Ramón y Blas Rico
Diseño de cubierta: David de Ramón y Blas Rico
Textos: Hemisferio
Maquetación: Carmen García Rodríguez y Eva Martín Villalba
Fotografías: Archivo Everest, Trece por dieciocho y Philippe Ughetto
(página 26 -inferior derecha-, 57 -superior- y 59).

No está permitida la reproducción total o parcial de este libro, ni su tratamiento informático, ni la transmisión de ninguna forma o por cualquier medio, ya sea electrónico, mecánico, por fotocopia, por registro u otros métodos, sin el permiso previo y por escrito de los titulares del *Copyright*.
Reservados todos los derechos, incluido el derecho de venta, alquiler, préstamo o cualquier otra forma de cesión del uso del ejemplar.
La infracción de los derechos mencionados puede ser constitutiva de delito contra la propiedad intelectual (arts. 270 y ss. Código Penal).
El Centro Español de Derechos Reprográficos (www.cedro.org) vela por el respeto de los citados derechos.

© EDITORIAL EVEREST, S. A.
Carretera León-La Coruña, km 5 - LEÓN
ISBN: 84-241-8402-5
Depósito Legal: LE: 35-2004
Printed in Spain - Impreso en España

EDITORIAL EVERGRÁFICAS, S. L.
Carretera León-La Coruña, km 5
LEÓN (ESPAÑA)

www.everest.es
Atención al cliente: 902 123 400

Nuevas Ideas y Trucos
Guía práctica del hogar

— 2 —

Bricolaje, decoración y sencillos arreglos y mejoras

EVEREST

Índice

Introducción	7
BRICOLAJE Y DECORACIÓN	9
La decoración de su casa	10
Imagine su casa	10
La elección del estilo	10
El estilo propio	10
El equilibrio entre su casa y el mundo exterior	11
Decoración y funcionalidad	11
La armonía de los sentidos	12
El sentido de la vista	12
El sentido del tacto	12
El sentido del olfato	13
El sentido del gusto	13
El sentido del oído	13
El sexto sentido	13
Feng Shui: el arte chino de armonizar su casa	14
La sala de estar	14
El dormitorio	14
El cuarto de baño	15
La cocina	15
La pintura	16
Tipos de pintura	16
La cantidad de pintura necesaria	17
Equipo básico de pintura	17
Decorar con pintura	18
Pintura lavada	18
Punteado con esponja	18
Moteado con trapo	18
Veteado con bolsa	18
Los efectos de pintar con brocha	18
Los colores	18
Decorar en blanco	19
Tonos pastel	19
Los tonos oscuros	19
El empapelado	20
Tipos de papel	20
El equipo	20
Eliminar el papel viejo	20
Empezar a empapelar	20
Por dónde empezar	21
Detalles y corrección de fallos	21
Los suelos	22
La elección del suelo	22
Las esteras de fibra vegetal	22
Suelos de corcho	22
Suelos de caucho	22
Suelos de cerámica	23
Suelos de madera	23
Suelos de vinilo	23
Suelos de moqueta	23
Suelos de linóleo	23
Suelos de baldosas de barro cocido	23
Los estampados	24
Flores y formas geométricas	24
Consideraciones generales	24
La sensación de los colores	25
Simbologías y usos de los colores	25
Decorar con telas	26
Las telas básicas de una casa	26
Equipo básico de confección	26
Elija las telas adecuadas	26
Las cortinas	27
Los estores	27
Decorar con flores y plantas	28
Las flores frescas	28
Composiciones bien estructuradas	28
Composiciones de color	29
Algunas plantas comunes y dónde colocarlas	29
La chimenea como centro de la casa	30
La distribución de la estancia	30
Decorar el entorno de la chimenea	30
Decoración y seguridad	31
Las ventanas	32
Muchos estilos y muchos materiales	32
La ventana vista por dentro	32
Decoración, clima y paisaje	32
Tipos de ventanas	33
La iluminación	34
La luz natural	34
Iluminación con velas	34
La luz artificial	34

Ambientes	36
Ambiente rústico	36
Ambiente minimalista	37
Contratar un profesional	38
Dónde encontrar un decorador	38
Cómo elegir el profesional más adecuado	38
Consejos para el contrato escrito	39
Exigencia y flexibilidad	39

SENCILLOS ARREGLOS Y MEJORAS 41

Mejoras y mantenimiento del hogar	42
Hágalo usted mismo	42
¿Qué mejoras podemos hacer en casa?	42
10 consejos útiles	43
Las herramientas básicas	44
Instrumentos de medida	44
Martillos	44
Tenazas y alicates	44
La llave inglesa	45
Cortar y serrar	45
Limas	45
Destornilladores	45
Otras herramientas y complementos	46
Taladradora y atornilladora	46
Pequeños accesorios siempre útiles	46
Complementos de la caja de herramientas	47
Cada herramienta en su sitio	47
Mantenimiento de las herramientas	47
Consejos básicos para el electricista aficionado	48
Equipo básico de herramientas	48
Tres normas básicas de seguridad	49
Pequeños trabajos de electricidad	50
Cambiar una bombilla	50
Mantenimiento de los tubos fluorescentes	50
Uso y cambio de fusibles	50
Interpretar los cables de colores	51
Terminología básica sobre electricidad	51
Fontanería de emergencia	52
La cisterna se desborda	52
Lavadora y lavavajillas	52
Descongelar una tubería	53
Reventón de tuberías	53
Pequeñas reparaciones de fontanería	54
Goteo en los grifos	54
Goteo de una tubería	54
Tuberías con ruido	55
Fregaderos e inodoros atascados	55
Reparación de cristales	56
Recoger los cristales rotos	56
Asegurar el cristal de la ventana	57
Cambiar el cristal de la ventana	57
Reparación de muescas en vasos y copas	57
Reparación del pie de una copa	57
Reparación de muebles	58
Equipo básico de herramientas	58
Reparación de manchas y arañazos	58
Restauración de las partes metálicas	59
Reparar las patas de los muebles	59
Conservación y reparación de adornos	60
Porcelana y cerámica	60
Cristal	60
Mantenimiento de floreros	61
Cuadros, joyas y libros	62
Los cuadros	62
Las joyas	62
Los libros	63
Trabajos con telas	64
Coser y colocar unas cortinas	64
Tapizado de una silla	64
Tintado de telas	65
Instalar un WC	66
Desmontar el viejo inodoro	66
Instalar en nuevo inodoro	66
Adaptación del manguito	67
Combatir la humedad y las filtraciones de agua	68
Limpieza de la superficie	68
Tratamiento antimusgo	68
Las pinturas viejas	68
Los techos	68
Los puntos de unión	68
Recubrir superficies	69
Soluciones de emergencia	69
Limpieza de las canalizaciones	69
Las paredes enterradas	69
Los cimientos	69
Hacer un pequeño jardín	70
Preparar el suelo para sembrar césped	70
Sembrar el césped	70
El primer corte	70
Mantenimiento del césped	71
Calendario de mantenimiento del césped	71
Los setos	71
Un pequeño huerto	71

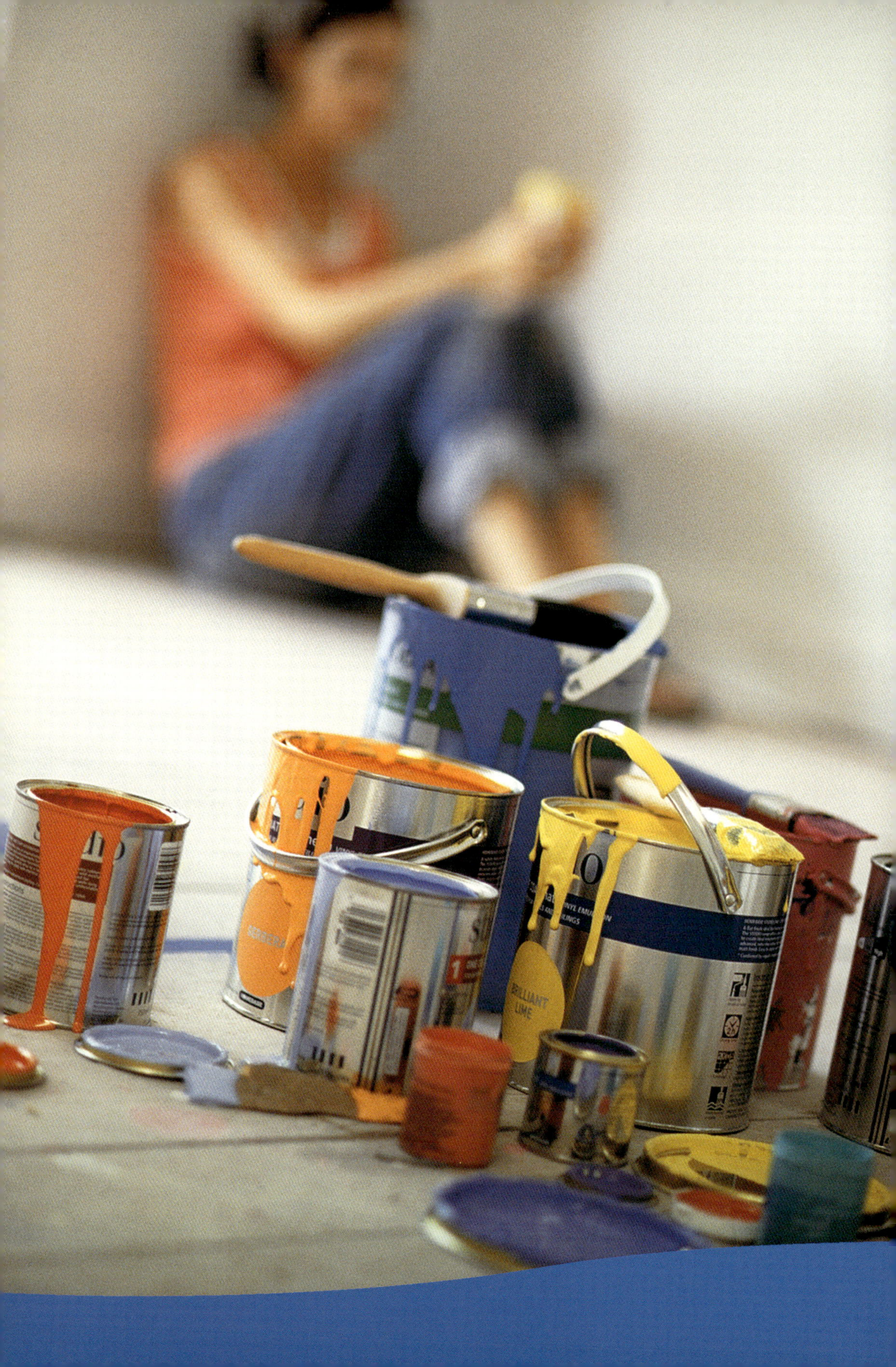
BRILLIANT LIME

Introducción

La decoración es el arte de imprimir personalidad a su hogar. Decorarlo a su gusto es la manera de personalizarlo, de adecuarlo a su estilo y a su ideal de vida. De hecho, la decoración es el primer paso para que una casa se convierta en un hogar, para que sus cuatro paredes le transmitan singularidad y sentido de pertenencia. Y es que la decoración le permite crear un espacio propio para desarrollarse como persona y convivir con su familia, su pareja o, simplemente, consigo mismo.

No lo dude: la decoración de una casa refleja el alma de una persona, de la misma forma que lo hacen el rostro o la mirada. Defina su propio estilo, más allá de las modas, y haga de su casa un rincón de paz, su refugio ante el mundo exterior, su imagen más personal.

Si además es capaz de hacerlo con sus propias manos, mucho mejor. El placer de concebir y realizar las pequeñas mejoras de su casa tiene una triple compensación: primero puede disfrutar del arte del bricolaje, realizando usted mismo una multitud de labores de fontanería, electricidad, carpintería, etc.

En segundo lugar, puede ahorrar bastante dinero si compara el coste de hacérselo usted con lo que podría subir la factura de un profesional.

Y tercero, sentirá la satisfacción y el orgullo de la obra acabada, aunque sean pequeñas mejoras, como tapizar una silla del salón o reparar un grifo que gotea.

En las siguientes páginas encontrará consejos prácticos para la decoración de su casa, desde la elección del estilo hasta los mejores trucos para decorar con pintura y empapelados, con telas, con flores o con la iluminación, acabando con algunos consejos si quisiera contratar un profesional.

En la segunda parte, dedicada a las mejoras del hogar, encontrará consejos prácticos para la realización de sus propias obras de bricolaje. Empezaremos por el equipo de herramientas básicas que necesita, seguiremos con las pequeñas reparaciones de electricidad y fontanería, y dedicaremos unas cuantas páginas a la reparación de muebles, adornos, cuadros, joyas y libros, además de los trabajos con telas. Finalmente, nos centraremos en algunas tareas de mayor importancia, como cambiar un inodoro, combatir las filtraciones de agua y hasta hacer un pequeño jardín.

Recuerde: siempre que pueda, combine estos dos elementos, decoración y obra propia, y además de concebir la casa a su gusto se irá identificando más intensamente con los rincones que ha embellecido con sus propias manos. ¡Buena suerte!

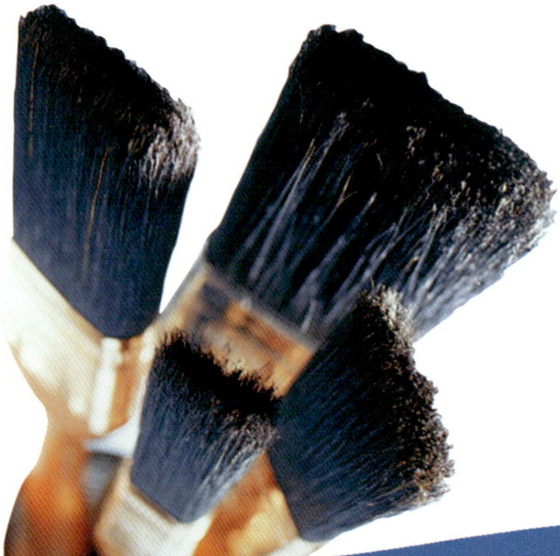

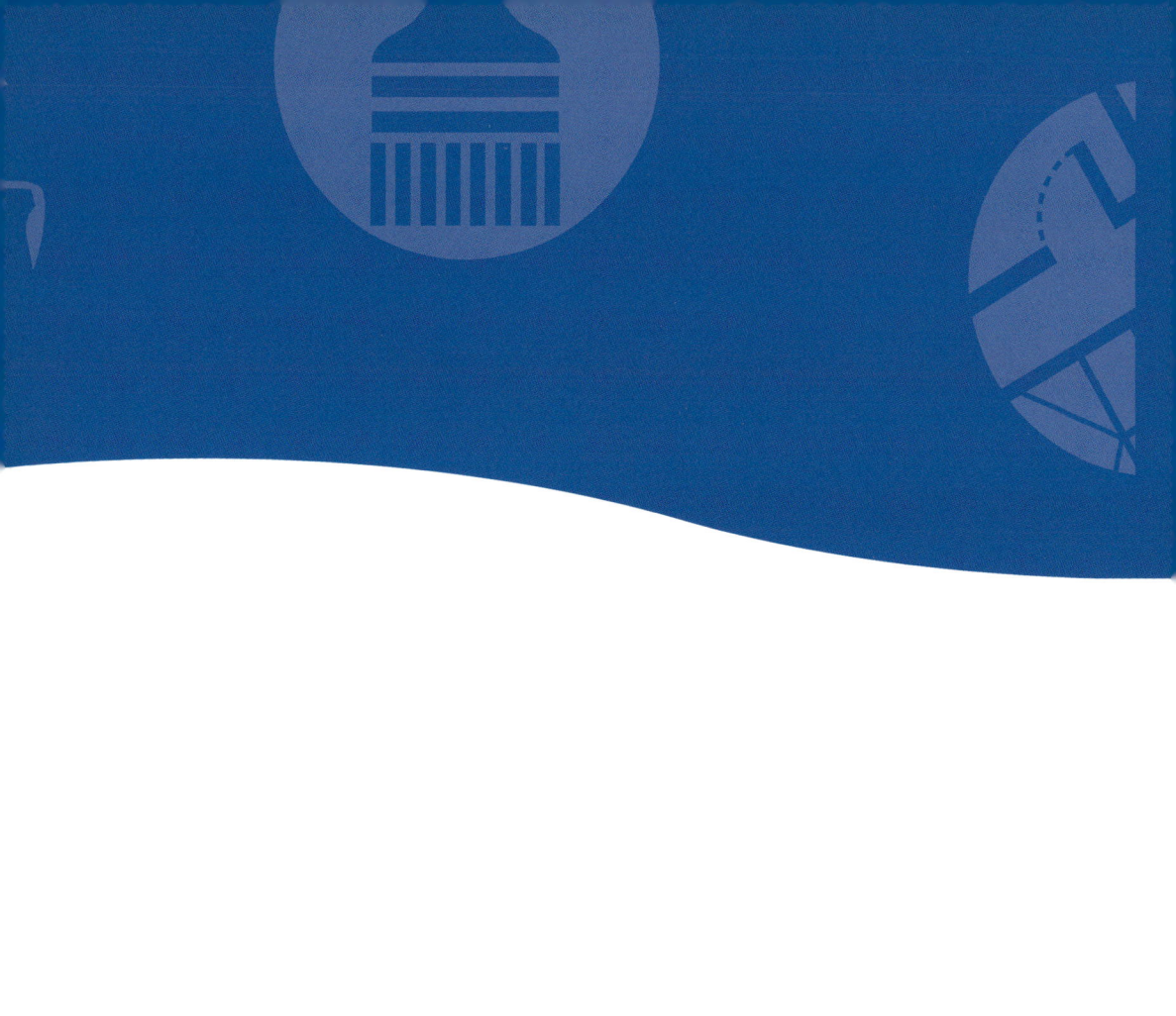

Bricolaje y decoración

La decoración de su casa

El bienestar personal se basa en pequeños detalles que se perciben en el día a día, como puede ser en el trabajo diario, en la relación de pareja, en el trato con los amigos, en la convivencia con la familia, etcétera. Uno de esos detalles, sin duda de los más importantes, es su casa. La decoración que usted elija va a determinar la atmósfera en la que se desarrollará su vida, porque más allá de la estética, la decoración es el arte de crear ambientes.

Imagine su casa

Cierre los ojos e imagine cómo le gustaría que fuese su vida. Fíjese en la casa que aparece en esos sueños, qué muebles tiene, qué tipo de iluminación, qué cuadros, qué plantas. Ahora intente crear en su casa, en la medida de sus posibilidades, un ambiente similar, el más parecido posible.

La elección del estilo

No se deje llevar por ideas ajenas, por lo que opine la vecina o por el bombardeo publicitario de muebles fabricados en serie. Piense en su modelo de hogar perfecto. Si le gusta caminar descalzo y notar el frescor del suelo en verano, olvídese de las modas de la moqueta y el parqué. Si le gusta la pintura, llene sus paredes de cuadros. Si le gusta la lectura, haga de sus libros el principal motivo de decoración. Si le gusta navegar, dele un toque marinero a su casa. Y si le gusta que vengan amigos, no dude en instalar una barra y un mueble-bar en un rincón del salón de su casa.

El estilo propio

No todas las casas de campo tienen una decoración rústica, ni todos los pisos urbanos un diseño moderno. Incluso no todas las partes de la casa han de tener un estilo uniforme. Cada uno debe definir sus modelos de decoración a partir de un estilo propio, de su propio gusto.

Una casa con decoración clásica puede disponer de una habitación mucho más moderna si tiene un hijo joven, con otros gustos y preferencias. También puede tener una cocina y un comedor modernos y funcionales, y reservar la decoración clásica para el salón donde suele recibir a las visitas.

Asimismo, hay un tiempo para cada estilo: puede cambiar las cortinas y la alfombra en verano, buscando un estilo más fresco y desenfadado, de la misma forma que es normal ir a trabajar con traje y corbata y salir por la noche mucho más modernos y atrevidos. Así, podemos hacer con la decoración de casa lo mismo que hacemos con la ropa: mirarnos una y otra vez en el espejo hasta que coincidan perfectamente nuestra personalidad y nuestro aspecto.

Recuerde

Más allá de la estética, **la decoración** es el arte de crear ambientes.

El equilibrio entre su casa y el mundo exterior

Nuestra casa y el mundo exterior son las dos dimensiones de la vida. Si nuestra actividad exterior es muy estresante, deberíamos procurarnos un hogar apacible que nos proporcione equilibrio. Quizá sería bueno optar por una decoración minimalista, suave y armónica, capaz de transmitirnos la paz y el sosiego para afrontar al día siguiente una nueva jornada. Por el contrario, si nuestra actividad laboral nos parece aburrida y monótona, quizá deberíamos embellecer nuestra casa con colores vivos y numerosas plantas, elementos capaces de transmitirnos alegría y entusiasmo.

Decoración y funcionalidad

Otro de los factores imprescindibles a tener en cuenta para la decoración de su hogar es el uso específico que se da a éste. El hecho de trabajar en casa, de recibir visitas a menudo o de celebrar de vez en cuando grandes comidas familiares, condiciona inevitablemente la decoración de su casa. En el primer caso, preparando un espacio para el trabajo que cuente con una buena iluminación, aislamiento acústico y unas buenas condiciones de comodidad. Si se trata de recibir visitas, deberá acondicionar una sala acogedora y apartada de las estancias íntimas de la casa. Y en el caso de organizar reuniones familiares multitudinarias con regularidad, piense en soluciones que permitan abrir la mesa del comedor, disponer de más sillas, etcétera, con nuevas opciones en el día a día, cuando sólo está en casa el núcleo familiar.

La regla de oro

Elija la decoración pensando en las situaciones diarias, no en las excepcionales. Procure la comodidad y la funcionalidad de los suyos… y ya se las arreglará cuando vengan visitas.

Quizá sería bueno optar por una decoración minimalista, suave y armónica, capaz de transmitirnos la paz y el sosiego que necesitamos.

Debe acondicionar un espacio para el trabajo que cuente con buena iluminación, aislamiento acústico y confort.

La armonía de los sentidos

La gran clave de la decoración de una casa es la armonía. No es cuestión de que todos los muebles y complementos deban ser obligatoriamente del mismo estilo, sino que sencillamente deben convivir en buena sintonía. Los colores, las texturas, los estilos, la distribución y otros muchos factores son los que determinan cómo se complementan todos los elementos de una casa. Y estos factores son percibidos por los sentidos, unas veces por la vista (la combinación de colores), otras veces por el tacto (los juegos de texturas), en otras ocasiones por el olfato (unas velas aromáticas), también por el oído (una música de fondo), e incluso por el sabor (el tipo de comida que se nos ha servido). Todo ello, por amplio que parezca, constituye el todo armónico al que hace referencia la compleja e interesante sensibilidad que abarca la siempre agradable tarea de decorar una casa.

El sentido de la vista

Es, sin lugar a dudas, el sentido más estimulado mediante la decoración, y el más evidente. Los juegos de colores y la disposición de los muebles muestran sensaciones y mensajes muy claros sobre la función de cada zona de la casa. Los tonos cálidos invitan al descanso y a la comodidad, de la misma manera que puede identificarse a primera vista en qué rincón podría uno sentirse bien para tomar una taza de té tranquilamente. Por el contrario, los colores vivos y la mayor parte de los muebles con ruedas nos dan idea de actividad y movimiento, con lo que la vista acaba determinando estados de ánimo muy concretos.

El sentido del tacto

No hay mejor sensación de calor para muchas personas que la que nos proporciona tanto la alfombra como la moqueta bajo los pies. El suelo forrado de parqué permite un andar fluido y al tiempo elegante. Las sábanas de seda sobre la cama dan sensación de frescor y

*El **color** es un factor esencial en la decoración de una casa.*

elegancia, mientras que un buen edredón o un nórdico inspiran calidez. Otro ejemplo es el sofá del salón, con su gruesa tapicería en invierno, y cubierto por un cubresofá de suave algodón en verano.

El sentido del olfato

Cada vez es más común decorar una estancia con olores. Las velas aromáticas son los productos con más amplia gama y los más utilizados, aunque también se utiliza el incienso, los perfumes y los aceites aromáticos.

Los olores son también una forma de decoración de la casa. Aproveche la amplia gama de velas aromáticas y perfumes.

El sentido del gusto

Parece el más difícil de identificar en la decoración de una casa, hasta que lo descubrimos en una. En muchas casas de pueblo se mantiene el botijo de agua o la bota de vino en la entrada de la casa, de manera que uno acaba identificando la visita a aquella casa con aquel frescor sin sabor o con aquel intenso recuerdo del vino tinto.

La música de fondo puede ser en algunos momentos el mejor complemento para la decoración de una estancia.

Frase célebre

La decoración es la diferencia entre una casa con muebles y una casa amueblada.

El sentido del oído

La música de fondo suele ser la fórmula más utilizada para complementar la decoración de una estancia, aunque no hay duda de que abrir las ventanas para que entre el sonido del canto de los pájaros o el rumor del mar es una de las mejores formas de crear un ambiente especial.

El sexto sentido

El sexto sentido, la conjunción de todos los anteriores sumada a una sensación difícil de explicar, es la verdadera señal de que una casa está bien decorada. Uno no sabe muy bien cómo explicarlo, pero esa casa es simplemente agradable. Y lo más llamativo: a veces tenemos esa sensación en una casa modesta, sin una gran inversión y sin grandes ostentaciones, porque la decoración no siempre es cuestión de dinero, sino más bien de sensibilidad.

Feng Shui: el arte chino de armonizar su casa

El Feng Shui es el arte chino de vivir en armonía con la Naturaleza. Ha sido aplicado a la decoración de la casa desde tiempos ancestrales, y hoy en día es la última moda en el mundo occidental. Proliferan por todas partes los decoradores especializados en estas técnicas, y debemos reconocer que los resultados son excepcionales.

La sala de estar

- En una casa tradicional china, la sala de estar tendría un **fuego** como centro de atención. Ya nos podemos hacer una idea de cómo cambiaría el ambiente de nuestro hogar, sobre todo si consideramos que en nuestra cultura el centro de la sala es el televisor. Empiece por ocultarlo, aunque sea en un armario con puertas correderas.

- El Feng Shui desaconseja alinear los **muebles** paralelos a las paredes y organizarlos **de forma circular** para dar un aspecto más acogedor.

- Suavice las esquinas poniendo **plantas**: la energía fluirá mejor, se evitarán las aristas y los ángulos muertos, y darán sensación de redondez.

- Si tiene **espejos**, asegúrese de que no fraccionan su imagen de forma brusca.

- La **posición de honor** de la sala de estar debe reservarse siempre para la persona que más utilice esta estancia.

  Debe ser un asiento cómodo, un sillón o la esquina de un sofá para tener un apoyo, y debe permanecer siempre mirando a la entrada y con buena vista sobre el centro del fuego, de manera que pueda adoptar una posición de descanso y al tiempo ver quién llega.

El dormitorio

- La norma fundamental es que **la cama** no esté justo enfrente de la puerta de entrada de la habitación. Tampoco es conveniente que haya vigas sobre la cama. Si la construcción es así, se recomienda poner telas que hagan de falso techo y suavicen la vista.

- El dormitorio debe ser **luminoso** y lo más **despejado** posible: la energía debe fluir con facilidad para revitalizarle mientras duerme, y la luz del alba debe anunciarle que empieza una nueva jornada y, por tanto, una nueva vida.

- El dormitorio tiene **un solo uso**: es el área del placer y del descanso. No lo utilice como lugar de trabajo.

- La cama orientada al **Este** favorece la sabiduría. Lea algo relajante antes de dormir.

- Si tiene **espejos** no debe verse reflejado ni al entrar ni mientras permanece en la cama.

El cuarto de baño

- Debe regirse por la **luminosidad** y la **limpieza**.

- Debe eliminarse toda sensación de humedad mediante una buena **ventilación**.

- Tenga la tapa del inodoro bajada: además de higiénico, impide que se vaya la energía positiva.

- Decore el baño con **plantas** y **velas**.

- Tienda a colores **blancos** y **azules** para darle luminosidad y armonía.

- Favorezca las **líneas curvas** para suavizar la dureza de las baldosas y el mobiliario.

- La máxima **sencillez** es garantía de higiene.

- Asegúrese de que los **espejos** estén siempre **limpios** para que su reflejo también lo sea.

La cocina

- La cocina es el **corazón de la casa**, el área donde se reúne la familia para disfrutar en armonía: ponga en ella todo su cariño.

- Oculte de la vista cuchillos, tijeras y todo tipo de electrodomésticos, especialmente los pequeños (batidora, tostadora, picadora, etc.).

- Nunca tenga el cubo de basura a la vista.

- Procure que el fuego se oriente al Sur; el fregadero, al Norte; la mesa donde se come, al Este, y la despensa al Oeste.

- Utilice **plantas naturales** y **frutas** para darle vida y acercarle el máximo posible a la Naturaleza.

La pintura

Pintar es la manera más sencilla y económica de realizar una profunda renovación en la decoración de su hogar. Si se cuida bien, la pintura de las paredes puede durarle entre 5 y 8 años en muy buen estado. Para ello es necesario que elija la pintura de mejor calidad: a la hora de aplicarla le facilitará el trabajo, y a la larga su duración le ahorrará dinero. Disponga de un buen equipo y proteja todos sus muebles y superficies antes de empezar a pintar. Cuando acabe, no descuide la limpieza de los utensilios que ha utilizado para conservarlos en perfecto estado de mantenimiento.

TIPOS DE PINTURA

El tipo de pintura determina los colores y los tipos de acabado que se pueden conseguir

- **LÁTEX** Se usa para dar una capa sobre la imprimación antes de pintar la capa definitiva. Le evitará tener que pintar más veces ya que contiene más pigmento que las pinturas normales. No olvide limpiar la brocha con aguarrás.

- **PINTURAS DE IMPRIMACIÓN (ALQUIL)** Impermeabilizan superficies porosas como el yeso o la madera.

- **PINTURAS GOTELÉ** Las puede utilizar para disimular grietas o irregularidades en la pared o en el techo. Son pinturas espesas y permiten un acabado áspero, que puede suavizar con una capa de pintura al temple. Algunas precisan de esta última capa, así que tendrá que asesorarse antes de comprarlas.

- **PINTURAS DE POLIURETANO** Se utilizan para radiadores, tuberías y ventanas metálicas, ya que, al ser pinturas duras y resistentes, aguantan la humedad, los cambios de temperatura y los golpes.

- **PINTURAS INCOMBUSTIBLES** Son muy útiles para pintar materiales altamente combustibles antes de ser pintados con la pintura definitiva, ya que les aportan una capa protectora.

- **PINTURAS AL TEMPLE** Son de fácil aplicación y rápido secado, y disponen de una amplia gama de colores. Utilice pinturas mates, en lugar de brillantes, en sitios donde puede haber condensación, ya que soportan mejor el agua. Puede adquirir también pinturas específicas para la condensación que contienen un fungicida que evita la formación de moho. La pintura al temple no tiene un olor tan fuerte como la oleosa. No las utilice para pintar metales, ya que el agua que contienen los oxidaría.

- **PINTURAS OLEOSAS** Son más resistentes y duraderas. Apliquelas en espacios con buena ventilación, ya que tardan en secar. Son muy útiles para carpintería, aunque debe aplicar una capa de látex antes de la pintura, pues la madera es muy absorbente. Rebájelas con aguarrás si quiere aprovecharlas mejor.

La cantidad de pintura necesaria

Calcule la cantidad de pintura que va a necesitar y compre siempre **un poco más** como prevención. Tenga en cuenta, por ejemplo, que si ha hecho una mezcla de color y luego le falta pintura será muy difícil conseguir exactamente el mismo tono. Ajuste la cantidad de pintura que necesite según estas **pautas**:

- 1 l de pintura al temple —— cubre —— 12 m^2
- 1 l de pintura de imprimación —— 12 m^2
- 1 l de látex —— 16 m^2
- 1 l de pinturas oleosas —— 14 m^2

Equipo básico de pintura

- **BROCHAS Y PINCELES**. Compre brochas y pinceles de cerdas naturales: aunque son más caras, se manienen fijas a la abrazadera y duran más. Compre diversos tamaños: una brocha de 10 mm para paredes y techos, una de 50 mm para zócalos y puertas y una de 25 mm para ventanas y zonas estrechas. Adquiera una con mango largo para acceder a la parte posterior de los radiadores.

- **RODILLOS**. Le permitirán agilizar el trabajo en las superficies más grandes, sobre todo en los techos, aunque hay que utilizarlos con moderación porque suelen salpicar mucha pintura y no son útiles para los rincones o para rodear detalles. No olvide ponerse gafas protectoras siempre que utilice el rodillo, sobre todo cuando pinte el techo. Compre rodillos de piel de carnero, son más absorbentes que los de nailon. Evite los rodillos de esponja, ya que absorben mucha pintura, salpican demasiado y dejan burbujas en la superficie que, al secarse, se convierten en cráteres. Compre también en rodillos pequeños y estrechos para pintar zócalos y puertas.

- **ALMOHADILLAS**. También llamadas brochas de espuma, son más baratas, más ligeras y más rápidas. Están compuestas por una fina lana de angora pegada a una capa de esponja y acopladas a un mango de metal o plástico. Presentan el inconveniente de no poder ser utilizadas en los rincones, pero su ventaja es que no salpican.

- **PAPEL DE LIJA**. Tiene diferentes grosores y sirve para preparar la superficie de paredes y maderas antes de ser pintadas. Compre un cepillo de cerda para eliminar el polvo del lijado o utilice una brocha.

- **SOLUCIONES DECAPANTES**. Le serán de gran utilidad si tiene que quitar barniz o pinturas viejas. Use una rasqueta para levantar las pinturas antiguas.

- **MATERIAL DE LIMPIEZA**. Es imprescindible tenerlo siempre a mano: esponjas, trapos y detergentes que le permitan limpiar las manchas lo antes posible.

- **ESCALERA DE MANO**. Para acceder fácilmente al techo y a la parte alta de los marcos de puertas y ventanas.

Truco casero

Para que no se caigan las cerdas de los pinceles déjelos toda la noche sumergidos en aceite de linaza, si son de cerda, o en agua, si son de nailon: las cerdas se hincharán y evitará que se caigan. La parte metálica o abrazadera no debe quedar sumergida en el agua, ya que se oxida. Haga un pequeño agujero en el mango e introduzca un alambre, de manera que el pincel pueda quedar suspendido en la boca del bote.

Decorar con pintura

Decorar con pintura es fácil, original y económico. Las diferentes técnicas de pintura y las combinaciones de colores pueden crear cambios radicales en las habitaciones de su hogar. Antes de empezar, asegúrese de tener todas las paredes preparadas de manera adecuada. Cubra la pared con una capa base y aplique posteriormente una de barniz o tinte. Haga las pruebas necesarias en papel viejo, trozos de madera o cartón y compruebe que el resultado es el que usted desea.

Pintura lavada

Antes de empezar el trabajo, prepare la pared dando una capa base de emulsión mate o satinada y déjela secar. Elija el mismo color (o un tono similar) y mezcle una emulsión y agua a partes iguales. Escoja una zona y haga una prueba, y continúe después por el resto de la pared con una brocha ancha. Para que el acabado dure más, pase una capa de barniz diluido por toda la superficie.

Punteado con esponja

Es un método sencillo con el que puede conseguir acabados muy llamativos, sobre todo si utiliza colores contrastados, y también se pueden conseguir efectos muy sutiles. Aplique una primera capa de pintura al agua o satinada y déjela secar. Elija el color de la capa superior y dilúyalo ligeramente con un poco de agua. Sumerja un lado de la esponja y aplíquela en la pared suavemente. La clave está en tener mucho cuidado de que no gotee. Cubra toda la pared o aplique el efecto discontinuamente, más intensamente en la base de la pared y menos cerca del techo, o aplíquelo en unas paredes y en otras no. Si se atreve, deje que sus hijos participen, aunque debe asegurarse de que han entendido que se trata de decoración, no vaya a ser que hagan lo mismo con rotuladores y por toda la casa.

Moteado con trapo

Es una técnica perfecta para disimular irregularidades en la superficie de las paredes o del techo. Puede escoger entre pinturas al agua o al aceite. No es recomendable trabajar solo, ya que es necesario que una persona pinte el esmalte con una brocha y la otra trabaje con el trapo. Para ello puede utilizar una amplia gama de colores.

Veteado con bolsa

Aplique el color base con brochazos verticales. Coja una bolsa de plástico y llénela hasta la mitad con trapos sucios. Presione la pintura levantando la bolsa inmediatamente y repitiendo la operación por toda la habitación. Barnice después de haber secado: el resultado es tan sorprendente como original.

Los efectos de pintar con brocha

Se puede recurrir a este método, sobre todo en paredes de yeso desnudo. Hay que pintar primero el fondo con una capa del color que haya escogido; a continuación, impregne una brocha amplia con otro color y escúrrala sobre un trozo de papel limpio hasta que esté seca. Pinte la pared en todas las direcciones con movimientos secos, dando varias capas y buscando el efecto que más le satisfaga.

Los colores

No olvide que lo más importante a la hora de decorar una habitación con pintura es el color que va a utilizar. Para dar con la opción más adecuada, será necesario que analice las ventajas y los inconvenientes. Tendrá que adaptarse al color de los muebles si no va a cambiarlos, o al color de la moqueta o las cortinas. Si no atiende a estos factores, puede caer en el efecto dominó, es decir, que un cambio le vaya obligando a otros cambios, y así sucesivamente.

Decorar en blanco

El blanco es un color que inspira pureza y tranquilidad, y además da la sensación de que los espacios son más grandes, aunque es necesario evitar que una habitación inundada con este color pueda dar una sensación de frialdad y pueda recordarnos a un hospital. Utilícelo para conseguir un contraste con elementos oscuros sin dar sensación de plenitud, y recurra a él para clarear zonas poco iluminadas. El blanco también es una buena elección si piensa cambiar la decoración pronto, pues se adapta bien a diferentes tonos y es fácil renovar los muebles, la moqueta, las cortinas y otros complementos.

Tonos pastel

Los tonos pastel se caracterizan por producir una agradable sensación de tranquilidad y descanso, por lo que resultan especialmente indicados para dormitorios o salas de estar, así como para pequeños rincones de la casa donde se quiere imprimir claridad o dar la sensación de amplitud. Los tonos azules proporcionan un estupendo efecto de frescor, y los tonos vainilla y melocotón favorecen la calidez.

Los tonos oscuros

Los tonos oscuros son una opción arriesgada, aunque igualmente interesante en algunos casos: requieren valentía y una idea clara del objetivo final. Piense antes de empezar que, si se equivoca y no le satisface su trabajo, tendrá que aplicar varias capas de pintura clara para conseguir una base que le permita volver a empezar. Puede utilizar estos colores oscuros para habitaciones grandes que estén bien iluminadas, tanto con luz natural como artificial.

El empapelado

El empapelado es una opción más para renovar la decoración de su hogar de una manera rápida y económica. El papel para revestir las paredes de su casa le proporciona numerosas posibilidades de combinación de tonos, colores y estampados. Resulta bastante más complicado que pintar, por lo que se recomienda empezar por una habitación pequeña para ir cogiendo práctica.

Tipos de papel

Existen diversos tipos de papel dependiendo de las superficies a cubrir. Calcule cuánto va a necesitar y compre siempre un rollo de más, ya que a veces llega una partida nueva del fabricante y los tonos pueden no ser exactamente iguales.

➤ **Papel de revestimiento** Es el adecuado para cubrir paredes con irregularidades importantes. Se usa como base antes de aplicar el papel definitivo.

➤ **Papel texturizado o grueso** También sirve para cubrir paredes ásperas, desiguales o con grietas. En este caso, tras ponerlo, debe pintarse. Piense bien esta opción, ya que es muy difícil de quitar.

➤ **Papel de vinilo** Muy útil para cocinas o cuartos de baño, pues la superficie se lava sin problemas.

➤ **Papel decorado** El más común y conocido, disponible en una amplia gama de estampados.

El equipo

Procure adquirir un equipo y un material de cierta calidad: con una buena brocha evitará que se desprendan pelos al encolar, de la misma manera que con unas buenas tijeras podrá cortarlo bien y evitar desgarrar el papel. Compre también una esponja y un cepillo, un cubo con asa, una cubeta para depositar el papel pintado y un rodillo para las junturas. Necesitará igualmente una varilla o una escoba para sostener el papel encolado cuando se disponga a empapelar el techo. Le será de enorme utilidad una mesa para encolar, e incluso una máquina de vapor para disolver el engrudo de detrás del papel viejo (si lo hubiera).

Truco casero

Si localiza alguna mancha de grasa en la pared debe pintarla con pintura al temple antes de empezar a empapelar esa superficie. Evitará que la grasa traspase el papel.

Eliminar el papel viejo

Antes de empezar es recomendable quitar el papel antiguo, a no ser que mantenga una superficie uniforme y no quiera darse tanto trabajo. Quite el papel viejo con una rasqueta, actuando en dirección ascendente después de haber empapado bien el papel con una esponja y agua. También puede utilizar la máquina de vapor para reblandecer el papel y que el trabajo de la rasqueta sea más suave. Si la pared está pintada, lávela a conciencia y déjela secar bien.

Empezar a empapelar

Pase una mano de cola por la pared para desplazar el papel y encajarlo. Recorte varios trozos de papel con 10 cm más de longitud que la altura de la pared.

Para fabricar el engrudo siga las instrucciones del fabricante para mezclar agua y polvos. Remueva despacio hasta que desaparezcan las burbujas. Le resultará más rápido y ágil utilizar un rodillo.

Por dónde empezar

En primer lugar, busque el punto focal de la habitación. Si no lo tiene, empiece a empapelar por la parte izquierda de una ventana y acabe en el rincón más cercano a la puerta. Para practicar, puede cubrir la superficie con papel de revestimiento, lo que le proporcionará además un espacio suave para la posterior capa definitiva.

Papel para techos		Papel para paredes									
Perímetro de la habitación	Número de rollos	Altura de la pared	Número de rollos según el perímetro de la habitación								
			9 m	12 m	14 m	16 m	18 m	21 m	23 m	26 m	28 m
de 9 a 12 m	2										
de 13 a 15 m	3	2,14 m	4	5	6	7	8	9	10	12	13
de 16 a 18 m	4	2,45 m	5	6	7	9	10	11	12	14	15
de 19 a 21 m	6	2,75 m	6	7	8	9	10	12	13	14	15
de 22 a 24 m	7	3 m	6	8	9	10	12	13	15	16	18

¡Cuidado!

Si desea empapelar el techo, deje las paredes para el final, así evitará que, al hacer el techo, le gotee el engrudo en la pared.

Detalles y corrección de fallos

➤ Para conseguir ajustar al máximo el papel a los interruptores haga una cruz en diagonal en el papel (que ocupe la superficie del mismo), quite después los triángulos resultantes y recorte a nivel. Si se puede, es preferible quitar el protector del interruptor, hacer esta operación y luego volverlo a poner.

➤ Si detecta burbujas, haga una cruz pequeña con un cúter en el centro, doble las solapas y ponga engrudo. Finalmente, una los bordes y pase una esponja húmeda.

➤ Si se levantan las juntas, aplique primero engrudo en los bordes levantados y pase posteriormente una esponja.

➤ Si hay zonas con brillo porque ha quedado engrudo seco, pase una bola blanda de pan.

➤ Si observa zonas con arrugas, haga un corte a lo largo de la arruga y vuelva a aplicar engrudo pasando una esponja para alisar.

➤ Si hay manchas o zonas húmedas, habrá que arrancar el papel y volver a empezar.

Los suelos

Existe una gran variedad de superficies con las que revestir el suelo de su hogar; una amplia gama que incluye suelos muy caros y suelos muy económicos, unos más elegantes y otros más sencillos, suelos que consiguen dar a la casa un aire clásico, rústico o juvenil, y suelos que por sí mismos son capaces de ser el centro de la decoración de una casa, sobre todo los suelos de madera.

La elección del suelo

El tipo de suelo debe escogerse siempre en función del uso que se le da a la habitación, de su estructura y de la idea decorativa que tenga para el resto del espacio, aunque, por supuesto, también en función del precio. La mayoría de revestimientos para el suelo son de fácil aplicación, aunque es preferible que se asegure de hacer un buen trabajo. Si no es así, gastará más dinero del necesario, así que si tiene la menor duda, llame a un profesional.

Las esteras de fibra vegetal

Las esteras de fibra vegetal son muy fáciles de colocar y, a pesar de que algunos estilos son relativamente caros, la gran mayoría resultan bastante asequibles. Existe una gran variedad de tonos y dibujos, y sobre todo son materiales que aguantan muy bien: fáciles de limpiar y con gran capacidad para que las manchas pasen inadvertidos. Son suelos muy prácticos, ya que le ofrecen la posibilidad de cubrir toda la superficie o de utilizarlos como alfombras, algunas de ellas con ribetes a juego.

Suelos de corcho

Es una solución fácil y barata, muy adecuada para las habitaciones infantiles, para estudios, para cocinas y para cuartos de baño. El corcho se comercializa en placas que se colocan como las baldosas, o en forma de láminas que tendrá que cortar. Es un revestimiento práctico, fácil de colocar y que proporciona un aspecto cálido al espacio que ocupa. Es imprescindible limpiarlo y darle 3 capas de barniz o laca de poliuretano, así se asegura el poder limpiarlo mejor en el futuro y hacerlo impermeable. Respecto a los colores, se puede teñir antes de sellar con barniz, aunque no ofrece muchas posibilidades.

Suelos de caucho

El caucho forma una superficie resistente a la gran mayoría de manchas y es antideslizante. Sólo se puede encontrar en 2 tonos de los colores primarios. También se aplica en forma de placas o en láminas.

Suelos de cerámica

La baldosas de cerámica mantienen la frescura durante todo el año, así que en invierno resultan suelos fríos, pero son muy agradables en los meses más calurosos. Hay una gran variedad de estilos, colores, texturas y calidades de acabado. Siempre que pueda, compre las baldosas vitrificadas, de lo contrario tendrá que lavarlas regularmente, ya que absorberán mucho más la grasa. Estos suelos requieren cierta habilidad al colocarlos y la superficie de base debe ser muy resistente. La gama de precios es muy amplia.

Suelos de madera

Los listones de madera desnuda son de una gran belleza por sí mismos. Muchas veces se utilizan coloreados, y suelen combinarse con una estera que cubre una parte de la estancia en una mezcla de texturas que parece muy natural. Si le gusta la idea pero su suelo no es el apropiado para este material, no dude en comprar tiras de madera o losetas de parqué y aplicarlas en su superficie: son relativamente fáciles de colocar y actualmente hay en el mercado materiales muy económicos.

Suelos de vinilo

Este tipo de suelos son otra buena opción para revestir cocinas, cuartos de baño o zonas de servicio. A diferencia del corcho existe una amplia gama de colores y estampados. El vinilo es un material resistente al aceite y la grasa, impermeable y muy duradero. Se puede adquirir tanto en láminas como en forma de azulejos, variando los precios en función de la cantidad de PVC existente. No olvide consultar con su proveedor a la hora de limpiarlo, ya que algunos detergentes pueden deteriorarlo. Como norma general, se aconseja utilizar agua jabonosa templada y enjuagar bien.

Suelos de moqueta

La moqueta tiene la cualidad de transformar por completo el espacio que ocupa. Se compone de lana, de fibras sintéticas o de una mezcla de ambas. Puede encontrarse una extensa diversidad de colores, texturas, grosores y dibujos, pero lo mejor es la agradable sensación de bienestar que produce al caminar o sentarse sobre ella. Procure elegir una moqueta de calidad, y recuerde que es muy importante el cuidado y mantenimiento si quiere que le dure muchos años.

Suelos de linóleo

Es un suelo compuesto por aceites naturales, gomas y resinas, fácil de limpiar y bastante duradero. Es necesario tener cuidado, ya que se pudre fácilmente si le entra agua. Se puede adquirir en placas o láminas y también hay una gran gama de precios. Eso sí, podrá escoger entre un gran número de colores brillantes y estampados.

Suelos de baldosas de barro cocido

Estas baldosas están hechas a partir de barro de alúmina de sílice y son de color rojo ladrillo, oro o pardo. Son frías como la cerámica, y sus precios pueden oscilar considerablemente. Se pueden picar con facilidad, lo cual les confiere un encanto y atractivo especial, y precisan una limpieza frecuente. Si el fabricante no dice lo contrario, es conveniente sellar con aceite de linaza mezclado con cuatro partes de aguarrás. Después de aplicarse sobre el suelo, se cubrirá con papel de embalaje y se dejará secar durante 48 horas antes de barrer o fregar.

Truco ecológico

Limpie sus alfombras de forma económica y ecológica espolvoreando bicarbonato sódico en la superficie, dejándolo actuar durante 15 minutos y, posteriormente, aspirándolo bien. Además de conseguir limpiar la alfombra, logrará eliminar parásitos y olores.

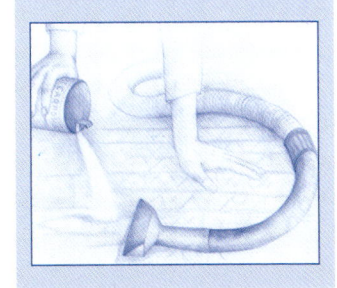

Los estampados

Los estampados pueden incorporarse a una estancia en la pintura de las paredes o en el empapelado, como hemos visto, pero también en las alfombras, en los sofás, en las colchas de cama, en las cortinas y hasta en las baldosas del suelo. De la combinación entre superficies lisas y superficies estampadas surgirá un buen equilibrio entre la suavidad y la alegría.

Flores y formas geométricas

Las flores son uno de los motivos más recurrentes cuando hablamos de estampados. Por norma general, se utilizan para conseguir ambientes alegres y románticos.

Los estampados con formas geométricas suelen ser más sobrios, aunque todo depende de la combinación de colores que se pretenda conseguir.

Normalmente, las rayas y los cuadros suelen ser formas clásicas, de manera que durante siglos se han utilizado tanto en tapicerías como en alfombras. Muchas veces se combinan con motivos florales, equilibrándose y complementándose mutuamente.

Consideraciones generales

➤ Los **diseños uniformes** son los más adecuados para estancias tranquilas o que requieren sentido del orden.

➤ Las **líneas** más **asimétricas** y fluidas son adecuadas para estancias donde se busca sentido de lo dinámico.

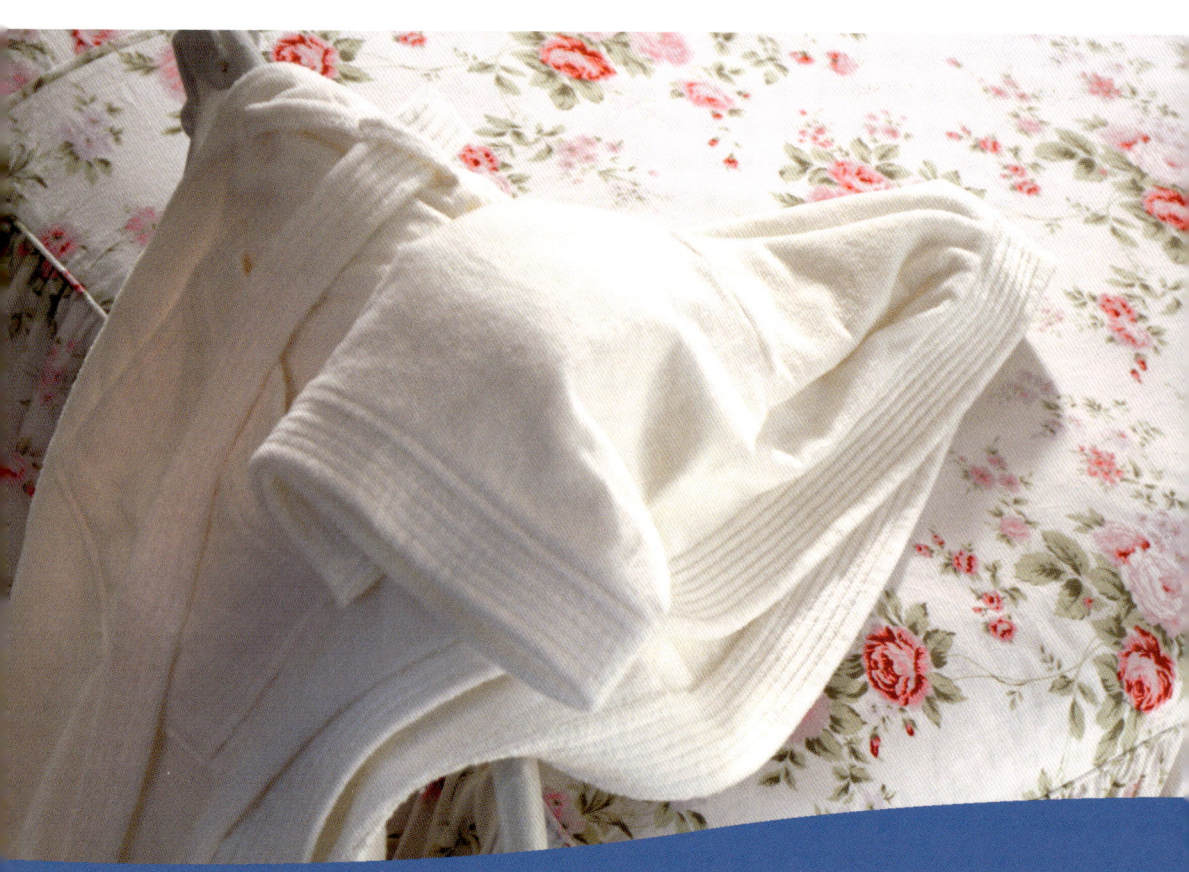

- Los **dibujos grandes** tienden a empequeñecer las habitaciones. Se pueden utilizar en estancias muy grandes para hacerlas algo más íntimas.

- Los **dibujos pequeños** tienden a engrandecer la estancia.

- En general, los **estampados** son adecuados para disimular *irregularidades* en las paredes, una ligera curvatura, una esquina poco afortunada, etc.

- La **combinación** de diferentes estampados da sensación de *ambiente exuberante*. En este caso, debe utilizar el color como punto de convergencia de los distintos estampados.

La sensación de los colores

Los colores crean sensaciones. Busque colores que sintonicen en el mismo círculo cromático si busca **placidez**, y sólo apueste por colores de gran contraste si realmente quiere dar sensación de **intensidad** y agitación.

- Los **COLORES CÁLIDOS** (el rojo, el naranja y el amarillo) hacen que las cosas parezcan más cercanas.

- Los **TONOS FRÍOS**, como el azul, el gris o el violeta, hacen que las cosas parezcan más lejanas.

- Use un *suave tono azul* para decorar su pequeño estudio.

- Utilice un *amarillo algo intenso* para convertir un amplio pasillo en un espacio más acogedor.

- Los colores pálidos, *vainilla* o *melocotón*, mejoran la iluminación de una estancia.

- Los colores más fríos (un *azul pálido* o un *verde menta*) son apropiados para habitaciones muy soleadas.

- Las *combinaciones de colores* en los estampados pueden armonizar las diferentes sensaciones.

Simbologías y usos de los colores

El azul se relaciona con el cielo, con el agua, con el mar y con el zafiro. Simboliza el infinito, la calma y la frescura. Se utiliza en las terapias cromáticas para reducir la presión sanguínea y las inflamaciones.

El verde simboliza la frescura y la armonía, aunque también los celos y la reafirmación. Es un color que inspira la Naturaleza, las hojas de las plantas y la esmeralda. En terapia cromática se utiliza como relajante y proporciona sensación de bienestar.

Los colores neutros simbolizan la sencillez y la armonía. Son los tonos marfil, vainilla, beis, amarillo pálido y otros tantos que completan una extensa variedad, muy combinable en estampados que incluyan el blanco. Representan la tierra y van bien con la madera, la cerámica y la terracota.

El amarillo se identifica con el sol, con el oro, con los narcisos y con los girasoles. Es el símbolo del calor, de la luz y de la energía, así que muy a menudo se considera el color de la alegría y la felicidad. En terapia cromática se utiliza como fuente de calor y como estímulo del organismo.

El rojo transmite calor y energía, así que es muy propio para las alfombras y tapizados de invierno. Se abre en una buena gama de granates, muy utilizados en la decoración más clásica, combinados con dorados o marrones. Se utiliza en tejidos de terciopelo, especialmente en cortinas y tapicerías clásicas.

El blanco significa pureza, inocencia, serenidad y limpieza. Se usa mucho en tejidos de algodón, en ropa de cama y mantelería, en paredes encaladas, en porcelana y en velas.

Decorar con telas

La decoración de una casa puede cambiar por completo gracias a la incorporación de telas, de manera que puede reconvertir el ambiente de una habitación de una manera fácil, económica y que no precisa de grandes labores ni de un gran equipo de confección.

Las telas básicas de una casa

- **CORTINAS, VISILLOS O ESTORES** son muy agradecidos porque su verticalidad les proporciona una gran presencia, armonizando con las paredes y la claridad de las ventanas.

- Las **TAPICERÍAS** son una pieza clave de la decoración de su casa, y de hecho la tapicería de su sofá suele determinar la decoración de todo el salón.

- Las **FUNDAS** son muy versátiles porque permiten dar frescura a las tapicerías, a la vez que protegen de la suciedad y del desgaste. Son muy recomendables en verano, ya que los tejidos de lino o algodón proporcionan más frescura al sentarse y pueden aportar colores más claros y frescos cuando llega la primavera y el verano.

- Los **COJINES** representan el punto de contraste sobre la tapicería o la colcha. Tienen la ventaja de que aceptan diferentes fundas, así que permiten cambiarlos y dar otro aire al salón (incluso sobre la antigua tapicería).

- Las **TELAS** son el mejor elemento para aportar gran diversidad de colores, dibujos, texturas y pesos, pudiendo encontrar telas delicadas o rugosas, con superficies mates o brillantes, de tejidos más o menos pesados, etc.

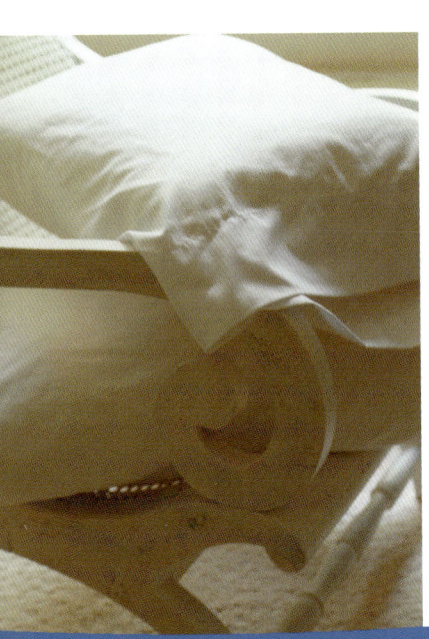

Elija las telas adecuadas

La elección de las telas es una tarea mucho más importante de lo que pueda parecer a primera vista. Busque una tienda especializada donde le ofrezcan mucha variedad, y donde pueda encontrar cualquier color o textura adecuada a la decoración de su hogar.

Déjese asesorar sin miedo y llévese una muestra a casa para asegurarse. Su objetivo ha de ser encontrar un equilibrio entre color, dibujo, textura y peso.

- Compare el aspecto de las telas, sus tactos y sus caídas.

- Para el tacto no se conforme con la mano. Note el tacto de

Equipo básico de confección

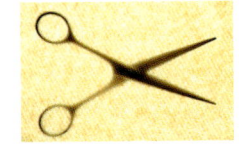

- Agujas de diversos tamaños para coser a mano
- Agujas para tapicerías
- Alfileres de acero de modista
- Hilo de algodón o de poliéster de colores y grosores variados en función de la tela utilizada
- Quitapuntadas
- Cinta métrica
- Almohadilla para alfileres
- Jaboncillo de sastre o lápiz
- Algodón para hilvanar
- Tijeras pequeñas para bordados
- Plancha de vapor y tabla de planchar
- Cinta métrica
- Tijeras de sastre
- Tijeras para cortar
- Máquina de coser
- Tijeras picafestones para las costuras

la tela en la cara si está eligiendo unas sábanas de seda, porque será en la cara donde al acostarse notará esa sensación, o en el antebrazo.

➤ Doble una esquina de la tela con la mano para ver si se arruga con facilidad.

➤ Ponga la tela al trasluz para examinar con detenimiento el tejido y comprobar su transparencia. Piense que cuanto más densa y más opaca, más duradera será.

➤ Examine el borde cortado y compruebe que no se deshilacha fácilmente.

➤ Observe si tiene imperfecciones o irregularidades en el estampado.

Las cortinas

Las cortinas filtran el paso de la luz, suavizan las corrientes de aire y crean un ambiente íntimo al no dejar que el interior de su casa se vea desde fuera. En el esquema decorativo de su hogar tienen un papel muy importante.

Si coloca cortinas de algodón con motivos florales llegando hasta la repisa de la ventana, creará un ambiente fresco e informal; en cambio, si las cortinas son de terciopelo y las deja hasta el suelo, favorecerá un ambiente claramente formal. Su papel es tan importante porque actúan de telón de fondo de la decoración, la parte más visible del marco que constituyen las paredes.

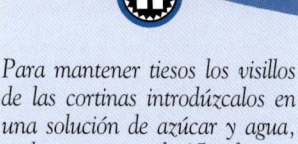

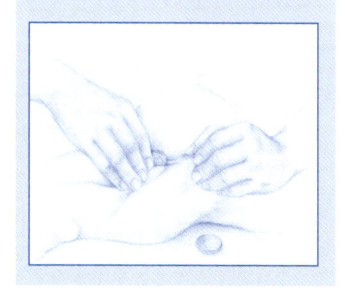

También puede utilizar las cortinas para variar la sensación de la estancia y disimular determinadas características físicas de una habitación, como la altura del techo, las dimensiones de la ventana o la cantidad de luz que entra en la estancia.

Los estores

Los estores son una alternativa económica y atractiva a las cortinas. Además, se confeccionan y se colocan con facilidad.

Hay algunas telas más opacas que tendrá que levantar para dejar pasar la luz y el aire, pero también hay estores de papel o de bambú, más delicados y más transparentes, muy adecuados para favorecer la claridad en la habitación.

Truco casero

Para mantener tiesos los visillos de las cortinas introdúzcalos en una solución de azúcar y agua, en la proporción de 15 g de azúcar por cada 600 ml de agua. Para conseguir que cuelguen adecuadamente las cortinas introduzca monedas en el dobladillo de manera homogénea.

Decorar con flores y plantas

Las flores y las plantas realzan de forma muy especial el aspecto de su hogar. Las plantas suelen ser más duraderas que las flores frescas, así que mantienen más tiempo la personalidad de la estancia, mientras que las flores suelen durar sólo unos días pero aportan una gran frescura y novedad. Lo mejor es escoger flores frescas durante todo el año, las propias de cada estación, de manera que su hogar se identifique positivamente con el calendario. Si prefiere algún ramo de flores más permanente, opte por las flores secas. En cuanto a las plantas, elija bien la especie que se adaptará al lugar que le asigne, teniendo en cuenta la cantidad de luz que recibe, su tamaño, su futuro crecimiento, etc.

Las flores frescas

➤ Utilice floreros donde los ramos se hacen prácticamente solos: aquéllos que son más estrechos en la base y se abren en la boca del recipiente, ya que por sí mismos distribuyen los tallos de manera que las flores quedan bien colocadas al momento. Sólo faltarán los últimos retoques.

➤ Improvise los floreros con libertad y a su gusto, con jarrones, teteras, jarras, copas...

➤ Para una mejor conservación, procure quitar las hojas que vayan a quedar por debajo del nivel del agua en el florero, de lo contrario se pudren y el ramo se estropea antes.

Composiciones bien estructuradas

Últimamente está muy de moda formar composiciones con diferentes flores y plantas. Lo mejor es colocar en el centro la planta más alta para crear un centro que, con su altura, hará las funciones de eje de la composición. Luego se rodea con especies más bajas y más tupidas, con lo que se consigue la armonía de la redondez. La composición se completa con algunas especies colgantes que dan naturalidad y equilibrio a la obra. Si la maceta o el florero es bonito, deje colgar sólo algunas puntas, pero si no quiere dar especial interés al recipiente, elija especies colgantes de envergadura, que incluso cubran toda la base.

Truco casero

Utilice rulos de plástico o cilindros de cartón del papel de cocina unidos con cinta adhesiva y conseguirá mantener las flores orientadas en la posición que desee. Si se trata de flores secas, utilice una base de corcho blanco o similar para ir clavando los tallos y que se mantengan en su sitio.

Composiciones de color

Una tendencia muy actual es planificar las composiciones de color de los ramos de flores con la decoración de la casa. Los geranios, las petunias y las fucsias son muy adecuados; también las caléndulas, dalias y salvias rojas, aunque deberá adaptarse al tono predominante en su hogar. Así, las flores no tienen sólo su propia belleza, sino que pasan a integrarse como un elemento más de la decoración de la casa.

Truco casero

Mezcle un poco de té frío o las hojas de té usadas con la tierra de sus plantas. La misma función tiene el poso del café, así que no lo tire y aprovéchelo: con ello conseguirá **airear y nutrir la tierra**. Igualmente, aproveche el agua que utiliza para hervir los huevos duros.

Algunas plantas comunes y dónde colocarlas

	Dónde colocarla	Tamaño	Mantenimiento
Esparraguera	Es un helecho de la familia de los espárragos, muy adecuado para decorar ventanas con mucha luz, donde se desarrolla levantando algunos tallos y dejando colgar otros, siempre muy delicadamente, de manera que no sobrecarga la vista.	Máximo 1,2 m, aunque la finura de sus tallos da la sensación de manor tamaño.	Precisa tierra ligeramente húmeda y temperaturas cálidas.
Geranio de fresa	Es una planta compacta, de hojas venenosas con otras colgando de unos filamentos. Su gran aportación es sin duda el colorido. Es adecuada para un lugar con mucha luz y sol matutino, preferentemente en un sitio donde pueda verla a menudo.	La principal puede alcanzar los 20 cm, aunque suele disponerse en macetas alargadas formando una composición.	Necesita la tierra húmeda pero nunca muy mojada, en una zona luminosa y soleada, como los ventanales.
Ficus	El ficus es una especie muy adecuada para fines decorativos. Sitúela en un lugar soleado y cálido, y deje que adquiera el protagonismo de ese rincón de la casa.	Máximo: 2 m	Introduzca el tiesto en un recipiente lleno de agua para que absorba la que necesite. Mantenga las hojas siempre limpias.
Palmera	Planta elegante, ideal para decorar rincones, es muy utilizada para dar un toque exótico a la casa. Recuerde que necesita rayos de sol filtrados.	Puede llegar a los 2,5 m, así que debe prever su crecimiento cuando elija el tamaño y su ubicación.	Debe evitar los cambios bruscos de temperatura y regarse regularmente. Controle que no tenga exceso de agua.

La chimenea como centro de la casa

La chimenea es el centro de atención de cualquier estancia donde se encuentre, especialmente la sala de estar o la habitación de matrimonio. Su propia presencia aporta un elegante toque de distinción, así que existen chimeneas únicamente decorativas. Pero su mayor encanto está en el calor, en el fuego que imprime vida a la estancia y la hace acogedora, por su relación con la Naturaleza, con la madera y el calor, o quizá porque en tiempos ancestrales el fuego fue la gran salvación del hombre.

La distribución de la estancia

La mayoría de salas de estar se organizan frente al televisor, de manera que las personas quedan una al lado de otra y con la vista al frente. La chimenea es la gran excusa para darle forma circular al salón. Ponga el sofá de cara a la chimenea y dos sillones a ambos lados, de manera que se forme un cuadrado que permita a las personas verse de cara, contemplar el fuego y posibilitar una estancia de reposo y diálogo.

Decorar el entorno de la chimenea

Decorar con los complementos

Una de las mejores formas de decorar una chimenea es con sus propios complementos. Por ejemplo, un hueco lateral donde se dispongan ordenadamente los troncos de madera es una de las mejores decoraciones posibles. También puede tener a la vista un viejo caldero de cobre para llevarse las cenizas cuando limpie la chimenea. Incluso las herramientas de hierro para manejar los troncos son muy decorativas colgadas junto a la chimenea.

Decorar encima y en los laterales

Otra posibilidad es enriquecer el entorno con una o varias repisas donde colocar fotos, trofeos u otros objetos decorativos. Pero lo más decorativo es colocar algún objeto sobre el cuerpo central de la chimenea que sea especialmente representativo de su personalidad. Algunos cazadores ponen una pieza capturada, los aficionados a la náutica pueden

Recuerde

Siempre que cuelgue objetos de la chimenea para decorar deben ser de un peso moderado, y todos los objetos que disponga a su alrededor deben estar a una distancia prudente de seguridad. A partir de aquí, busque la armonía entre la decoración de la estancia y el estilo de su chimenea.

colocar un timón o dos remos cruzados, y los montañeros unas raquetas de nieve u otros objetos que se le ocurran.

Decorar sólo con sus materiales

La chimenea puede ser totalmente lisa y sin adornos, dejando que su propia forma y sus materiales adquieran todo el protagonismo. La madera, el hierro fundido, el ladrillo o los azulejos son materiales relacionados con la Naturaleza, así que inspiran pureza y tranquilidad.

Decorar el interior de la chimenea

Es un recurso menos utilizado, pero igualmente decorativo. La chimenea pasa varios meses al año sin utilizarse, sobre todo en climas cálidos como el nuestro. Durante esos meses puede dejar unos troncos en el interior de la chimenea formando una bonita composición. También puede colocar un ramo de flores secas dentro del caldero de cobre que utiliza para llevarse la ceniza, o un cesto de mimbre con flores, troncos o lo que más le guste. En realidad, se trata de disimular un espacio que vacío puede mostrarse un poco gris y un poco frío, y que no coincide con la sensación de la estación en la que se está.

Recuerde

Las propuestas del Feng Shui, la técnica oriental de armonía con la Naturaleza, aseguran que el centro de la casa siempre debe girar alrededor de la chimenea. El fuego es calor, representa pasión, es la aventura y el mejor remedio contra el temido aburrimiento. Recuerde que existen chimeneas muy económicas, algunas de las cuales no necesitan obras y resultan muy fáciles de montar.

Decoración y seguridad

Cualquier elemento decorativo que se ponga alrededor de una chimenea debe pensarse sin olvidar nunca que el fuego puede ser peligroso. Asegúrese de que la alfombra de la sala se encuentre a una distancia prudencial, así como los sofás. Lo mismo ocurre en el dormitorio, que debe mantener a esta distancia de seguridad las alfombras o la ropa de la cama. Recuerde que existen complementos de la chimenea especialmente concebidos para esta protección, y que algunos de ellos son muy bonitos y pueden ser un elemento decorativo más.

Las ventanas

Las ventanas son los ojos de la casa, la vía a través de la cual vemos el mundo exterior, así que deben cuidarse con el mismo cariño que se elige el marco de un cuadro. El segundo factor a tener en cuenta es su conservación, ya que en contacto con los cambios de temperatura, el sol continuado y las lluvias suelen desmejorarse, y en un par de años pueden ser un problema caro de resolver para la decoración de la casa. Finalmente, las ventanas deben ser prácticas, ya que han de ajustar bien para aislar perfectamente la casa y ser cómodas en su uso diario. Las ventanas, por tanto, son elementos decorativos fundamentales, y a la vez más complejos que otros en su diseño y elección.

Muchos estilos y muchos materiales

Actualmente uno de los primeros elementos que cambiar en la reforma de una casa algo antigua son las ventanas, junto con los suelos, los baños y la cocina. Los materiales han mejorado mucho y los estilos y preferencias estéticas son hoy tan variados como interesantes. Los bastidores que sujetan los cristales son de aluminio, hierro, madera o PVC, y éstos, a su vez, pueden ser sencillos o dobles, y presentan gran variedad de grosores. A veces se realizan acristalamientos adicionales, sobre todo en construcciones antiguas, con el objetivo de disminuir el ruido o evitar corrientes de aire o pérdidas de calor, conservando las ventanas antiguas que mantienen el carácter de la casa.

La ventana vista por dentro

Un error habitual es no dar mucha importancia a la ventana porque desde dentro de la casa siempre queda cubierta por las cortinas. Fíjese bien y verá cómo la mayor parte del tiempo están abiertas y la ventana adquiere más protagonismo del que usted piensa.

Decoración, clima y paisaje

Además, las ventanas son con toda seguridad el elemento de la decoración de su casa que, en mayor medida, depende del exterior, es decir, del clima y del paisaje. Por ejemplo,

Truco casero

En las ventanas, un requisito básico: los cristales han de estar tan limpios que parezca que no existen. Para mantenerlos bien limpios puede utilizar agua con amoníaco y alcohol, estos dos últimos en la misma cantidad, y usar un difusor y un paño humedecido con la misma mezcla.

si se detiene a pensar en cómo es una casa de pescador, probablemente la imaginará con marcos y porticones de color azul, y si piensa en construcciones de las zonas de montaña, esta vez le vendrán a la mente marcos y porticones de color madera, cubiertos con barnices resistentes al frío y a la lluvia.

En los pisos urbanos, por el contrario, cada vez es más frecuente el aluminio, por su ligereza, su facilidad para limpiarlo y sus múltiples posibilidades de montaje.

Tipos de ventanas

De guillotina

Se trata de ventanas que comenzaron a utilizarse en el siglo XVII y son típicas de las casas británicas antiguas: se deslizan verticalmente y son de madera. El diseño permite la fuga de aire por el espacio superior y la entrada de aire fresco por la abertura inferior.

La movilidad de estas ventanas precisa mucho mantenimiento y cuidado, ya que el exceso de suciedad o una pintura descuidada puede atascar los ejes, pero en cambio aportan un cierto toque aristocrático.

De aluminio o PVC

Muy utilizadas actualmente, se suelen instalar para sustituir las antiguas ventanas de madera o de hierro. En ambos casos se fabrican en perfiles complejos para sostener unidades de cristal doble y un burlete contra las corrientes.

Las ventanas van sujetas a marcos auxiliares de madera y no necesitan mantenimiento algu-

¿Sabía que...?

*Tradicionalmente, las **ventanas de guillotina** se hacían con un marco en cajón donde se ubicaban las poleas, los cables y los contrapesos.*
Las hojas se sujetan en los laterales del cajón con un listón divisorio y otro interior de apoyo, que se quitan para poder acceder al mecanismo de la ventana. En la parte donde coinciden las 2 hojas cuando la ventana está cerrada hay un pasador para asegurarla.

no, por lo que resultan muy prácticas y duraderas.

Ventanas modernas

La comodidad ha dado lugar a ventanas **abatibles** y pivotantes que también cumplen una importante función decorativa. Las primeras están formadas por una hoja móvil que se abre hacia dentro o hacia fuera. Algunas de ellas incorporan una hoja fija, aunque las normales se cierran encajándose en el marco de la ventana.

Las **pivotantes** reciben este nombre porque giran sobre un eje central fijo, siendo especialmente prácticas para las buhardillas.

Se pueden encontrar también ventanas **basculantes múltiples** que están formadas por una serie de lamas de cristal sujetas en sus extremos por soportes pivotantes de aleación.

Un buen juego de ventanas ya constituye una excelente decoración.

La iluminación

Una buena planificación de la iluminación de una estancia puede llegar a ser el elemento fundamental de su decoración. La entrada directa del sol transporta la estancia hacia el exterior, de la misma forma que una gran claridad pero indirecta da sensación de limpieza y amplitud. Igualmente, una cortina opaca puede dar una gran sensación de frescura en días muy calurosos, dejando una suave penumbra rojiza que invita a la relajación. Y lo mismo ocurre con la luz artificial, con una lámpara de mesa dejando una tenue luz cálida, luces proyectadas sobre el techo o las ya tan comunes iluminaciones graduables.

La luz natural

Es la luz por excelencia, natural, así que habrá que adaptarse a ella o modificarla en la medida de lo posible.

La orientación

- La **luz del Norte** es fría pero constante, así que si quiere darle vida a la estancia esta luz natural no será una gran aliada. Potencie una decoración más viva para contrarrestarla, o destine la estancia a una zona de descanso.

- La **luz del Sur**, por el contrario, es intensa y constante. Los blancos y los azules son perfectos para estas estancias más luminosas, aunque cualquier color que elija será realzado por esta luz natural.

- La **luz del Este** es la más variable a medida que avanza el día, con intensidad por la mañana y neutra más adelante. Es perfecta si le gusta despertarse con la claridad del día.

- La **luz del Oeste** es más intensa a última hora del día, con una luz rojiza que invita al descanso de la jornada.

Iluminación con velas

Alguien dijo que las velas son el punto medio entre la luz natural y la artificial. La verdad es que aportan una luz cálida, romántica y relajante. Hoy en día, las velas representan uno de los recursos decorativos más utilizados, tanto por su luz como por sus formas y fragancias.

La luz artificial

Tipos de bombillas

Existen diferentes tipos de bombillas adaptadas a sus necesidades de iluminación y consumo. Las más comunes son las **bombillas esféricas blancas**, que se utilizan normalmente con pantallas transparentes. Las que tienen forma de seta se usan en pantallas de poco fondo, y las pequeñas o de candelero son ideales para lámparas de pared o de araña. Otros tipos, como las que poseen baño interno de plata, proporcionan un haz de luz concentrado y estrecho, adecuado para el interior de una habitación con iluminación más amplia.

Diferentes tipos de iluminación

- ILUMINACIÓN TOTAL O GENERAL. Se utiliza para abarcar toda una habitación, normalmente gracias a un punto de luz en el techo que motiva una iluminación amplia, que desciende verticalmente, pero también potenciada por el extenso reflejo en el techo.

- ILUMINACIÓN PUNTUAL. Su intención es iluminar una zona concreta. Se utilizan lámparas de mesa o de pie, con pantallas que evitan los reflejos, y que consiguen una iluminación local, concentrada en un rincón de la estancia.

- ILUMINACIÓN ACENTUAL O DE EXPOSICIÓN. Se usa para resaltar elementos de la habitación, como arcos, plantas o figuras decorativas. Es una iluminación complementaria de la iluminación general.

- **ILUMINACIÓN DECORATIVA.** Es la más personal e imaginativa. Busca crear efectos decorativos con lámparas especiales, con bombillas o pantallas de colores, con pantallas de cristal-vidriera, pantallas con figuras geométricas recortadas que proyectan sus siluetas sobre la pared, e incluso con móviles que hacen que estas figuras y colores creen una iluminación multicolor y en movimiento.

Tipos de lámparas

- **LUCES COLGANTES.** Ideales para la iluminación general. Precisan más de 1 bombilla para proporcionar la claridad adecuada y casi siempre es necesario complementarlas con otros centros de luz puntuales, pequeñas lamparillas de mesa o lámparas de pie.

- **LUCES DE TECHO.** Muy de moda por su luz agradable y su efecto decorativo sobre el techo. A veces se integran en la obra del propio techo, o se disponen a lo largo de una estructura lineal que varia en el número de puntos de luz, incluso con la posibilidad de que sean móviles y dirigibles.

- **LUCES DE PARED.** Son muy útiles en los lugares de la casa donde el espacio es muy justo para poner una luz de pie o una lámpara de mesa, como en el caso de los pasillos, recibidores o salas estrechas. Proporcionan una iluminación general que puede modificarse enfocando el haz luminoso hacia el techo, lo que producirá una reflexión que iluminará todo el espacio de manera más discreta.

- **FOCOS.** A veces se utilizan para iluminar toda la estancia, dispuestos a lo largo de un riel en la pared o en el techo, y se orientan en diferentes direcciones. En otras ocasiones se utilizan como luz puntual, para resaltar cuadros, fotografías o esculturas.

- **LÁMPARAS DE MESA Y DE PIE.** Las primeras son las más adecuadas para la iluminación puntual, mientras que las de pie pueden adaptarse para una iluminación general o puntual. Una lámpara de mesa le proporciona una luz perfecta para poder leer o escribir, y una lámpara de pie enfocada al techo creará una claridad inmejorable. Últimamente, algunas lámparas de pie incluyen un brazo dirigible en su estructura que hace las funciones de foco para la lectura.

- **LÁMPARAS DE DESPACHO.** Los conocidos flexos son lámparas de mesa específicas de despacho. La flexibilidad de su brazo facilita la orientación en función de sus necesidades. Recuerde que para una persona diestra la lámpara debe colocarse en el lado izquierdo, y en el lado derecho para personas zurdas, evitando así los reflejos y las sombras sobre el papel.

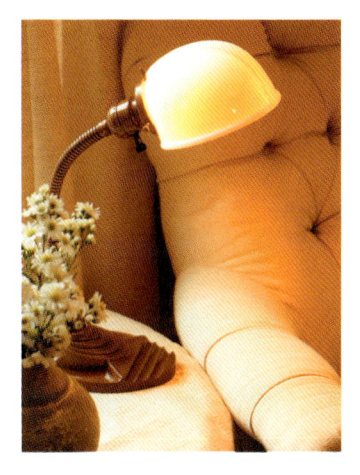

- **TUBOS FLUORESCENTES COLGANTES.** Se utilizan sobre todo en cocinas y cuartos de baño por su eficacia y bajo consumo, así como en otros lugares donde se requiere un alto grado de intensidad luminosa. En los armarios de cristal o en las rinconeras resaltan la belleza de los objetos y del conjunto. En los armarios se precisa la instalación de un dispositivo de encendido y apagado en función de cuando se abre o se cierra la puerta.

¡Cuidado!

No dirija la luz de los focos directamente sobre pinturas o muebles de gran valor. Es una tentación común al intentar resaltarlos, pero el calor de las luces podría deteriorarlos.

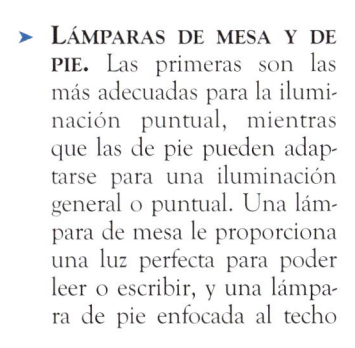

Ambientes

Hasta el momento hemos visto diferentes aspectos a tener en cuenta en la decoración de la casa, pero el verdadero concepto de decoración lo constituye el conjunto, esa perfecta mezcla entre el aspecto y la sensación general que se pretende conseguir al final. Una buena forma de acabar el capítulo de la decoración es estudiar detenidamente cuáles pueden ser esos ambientes finales: la combinación entre lo que se ve y lo que se siente. Éstos dos son sólo un ejemplo.

Ambiente rústico

La palabra **rústico** evoca el uso de **materiales naturales**, tales como *madera natural, barro, hierro forjado, soga o pajilla*, entre otros. Esto, por supuesto, supone un estilo de decoración más informal, que invita a usar y disfrutar tanto de los muebles como de la decoración en general. El estilo rústico deja atrás la decoración demasiado formal.

Existen **varias vertientes** dentro del estilo rústico: el *estilo country americano*, el *colonial europeo*, el *mexicano* y el estilo de mueble de *corte caribeño*, que es más liviano y fresco, tanto en materiales como en diseño.

Características:

➤ Los protagonistas esenciales son los muebles naturales, la piedra y la madera; todo ello encaminado a proporcionar una sensación de calidez y comodidad.

➤ Se crean ambientes naturales, mezclando estilos distintos, que refuerzan la sensación de antigüedad.

➤ Por lo que se refiere a las texturas, predominan las telas

Recuerde

La decoración de su casa es como su forma de vestir: la imagen de su personalidad.

gruesas y toscas de colores cálidos, tanto lisas como estampadas.

Elementos utilizados:

➤ Este estilo se inspira en la decoración tradicional de la casa rural: chimeneas, percheros, grupos de cuadros, candelabros, complementos de hierro forjado, etc.

➤ Cortinas y texturas: tapices, cortinas y visillos de algodón, lana o lino, con barras de hierro forjado o madera.

➤ Colores: predominan los tonos pastel y azules pálidos. En las paredes también se utilizan los tonos tierra.

Ambiente minimalista

Este estilo busca la reducción de los elementos al mínimo más absoluto, sin accesorios decorativos, muebles ostentosos o cuadros en las paredes.

Características:

➤ Se crean ambientes autosuficientes, muchas veces ajenos al mundo exterior.

➤ Sólo se permite la entrada de la luz del sol, pero incluso puede que sea únicamente a través de persianas que originan, con sus sombras, formas abstractas que se integran como parte del diseño.

➤ Pisos y zócalos de madera.

➤ Armarios empotrados para guardar los pocos objetos domésticos.

Elementos utilizados:

➤ Debido al enfoque estrictamente minimalista, cualquier detalle que aparezca en escena, aunque sea ínfimo, adquiere una importancia extrema.

➤ Los cuadros muchas veces se instalan sólo ocasionalmente, para luego volver a guardarse en armarios.

➤ Cortinas y texturas: se reduce al mínimo el papel de las texturas y los acabados. Las cortinas, cuando existen, son blancas, de líneas rectas y simples.

➤ Mobiliario: se acerca mucho a la austeridad de la arquitectura japonesa. No siempre existen muebles fijos. Muchas veces se esconden o guardan en otros muebles o estanterías.

➤ Colores: todas las paredes son blancas.

¿Dónde usarlo?:

➤ Principalmente en edificaciones de arquitectura moderna. Puede usarse en construcciones antiguas, pero no rústicas.

➤ Lo fundamental, lo que le da la fuerza, es la existencia de una estricta coherencia entre los distintos espacios que forman el todo.

Contratar un profesional

Una de las posibilidades más utilizadas es contratar un decorador o una decoradora. Años atrás quizá fuera un privilegio de unas pocas personas, pero en la actualidad hay muchos profesionales dedicados al diseño y la decoración que son capaces de adaptarse a estilos y presupuestos muy diferentes, incluso los más ajustados.

Dónde encontrar un decorador

- En la misma tienda donde ha visto unos muebles que le gustan. Muchas tiendas de muebles tienen su propio equipo de decoradores. La ventaja es que pueden prepararle un proyecto de decoración a partir de un mueble completo que ha visto y le ha gustado. Además, la tienda podrá dirigirse al mismo fabricante, y presentarle otros muebles elaborados con los mismos materiales y de estilo similar.

- También puede suceder que la tienda no tenga su propio equipo de decoradores, pero seguro que podrán recomendarle algún decorador de confianza con el que colaboran de forma habitual.

- Pregunte a aquellos amigos, familiares o compañeros de trabajo que sepa que, en su día, contrataron los servicios profesionales de un decorador. Este sistema tiene la ventaja de que ya ha visto cómo decora una casa, además de que puede obtener información sobre su forma de trabajar y sus presupuestos aproximados.

- Consulte en los listines profesionales de su localidad: encontrará un buen surtido.

Cómo elegir el profesional más adecuado

- Si el proyecto incluye grandes obras en la casa, tendrá que contratar un arquitecto, ya que a los aspectos puramente decorativos se une la obligación de garantizar unas estructuras resistentes y cumplir la normativa legal de obras.

- Si tiene un proyecto decorativo ya definido, procure que su decorador supervise el diseño de obra del arquitecto: no siempre es la misma persona la que cubre los dos aspectos.

- Pregunte a los dos profesionales si pueden enseñarle reportajes fotográficos de obras anteriores, si existe la posibilidad de ver personalmente otras obras que hayan realizado o si les pueden dar otras referencias de su trabajo.

- Pida un proyecto previo y compárelo con otras propuestas. Aclare si un simple boceto va a tener que pagarlo o si es sólo el proyecto bien definido el que deberá pagar. Lo más probable es que le cobren cualquier proyecto. Aclare las condiciones y el presupuesto, y establezca la forma de pago por anticipado.

Ahorre tiempo

Si tiene absoluta confianza en su decorador y está convencido del proyecto, aproveche las vacaciones para que decore su casa: cuando usted vuelva, se habrá evitado todo el proceso y se encontrará la casa decorada. Si quiere seguir de cerca toda la transformación, lo mejor es ir a verla cada día: ahorrará mucho tiempo si detecta las cosas que no le gustan antes de que las pongan en su casa.

Consejos para el contrato escrito

➤ Considere el contrato como una forma de aclarar las cosas, para que no falle la memoria y para que ambas partes cumplan lo estipulado sin confusiones.

➤ Especifique un precio cerrado en el que vea desglosado el precio de cada cosa.

➤ Exija un presupuesto cerrado para los profesionales subcontratados, por ejemplo, si el decorador va a contratar carpinteros, fontaneros, etc.

➤ Abra una cláusula especial para extras, por si al final decide, por ejemplo, cambiar los pomos de la puertas por unos mejores.

➤ Incluya una cláusula que responsabilice al profesional de los escombros que cree el proyecto.

➤ Establezca las cantidades que va a pagar a cuenta: si la obra es pequeña será mejor que pague al final, cuando todo esté correcto; si la obra es de gran envergadura, será lógico que adelante una cantidad en concepto de diseño del proyecto, adquisición de materiales y salarios de los profesionales subcontratados.

➤ Reserve siempre un 10% del presupuesto para pagar 30 ó 60 días después de la obra: muchos errores se ven solamente al cabo de un tiempo.

Exigencia y flexibilidad

➤ Debe encontrar el punto medio entre los extremos: sin duda, debe ser exigente en cuanto al proyecto acordado, pero flexible en cuanto a su realización y resultados.

➤ Pueden surgir imprevistos durante el proyecto; por ejemplo, que llueva y no puedan acabar la fachada en el período establecido.

➤ También puede ocurrir que la casa no quede exactamente como usted la había imaginado. No debe de olvidar que cada persona interpreta las cosas de forma diferente, y que cualquier proyecto, por fiel que sea a los bocetos, no termina siendo exactamente igual en todos los aspectos.

La regla de oro

Todo debe quedar por escrito antes de empezar: presupuesto, forma de pago, proyecto decorativo, calidades, calendario de realización y responsabilidades por incumplimiento de contrato. Recuerde que algunos profesionales, sobre todo constructores, dan su garantía de cumplimiento de calendario, y si no la cumplen le abonan una cantidad determinada por cada mes de retraso.

Recuerde

El proyecto sobre el plano puede ser muy bueno, pero siempre es irreal, más bien frío y racional. Al llevarlo a la práctica hay que dejar un margen para los retoques finales. Deje que su decorador gire más un sofá, suba el tono de las cortinas o cambie la alfombra que habían acordado. Recuerde que los últimos retoques, aunque se salgan del guión, son los que acaban de redondear la obra.

➤ Dé a su decorador un margen de confianza razonable: a veces los mejores proyectos surgen precisamente cuando la creatividad es capaz de improvisar y adaptarse a la verdadera realidad de la casa.

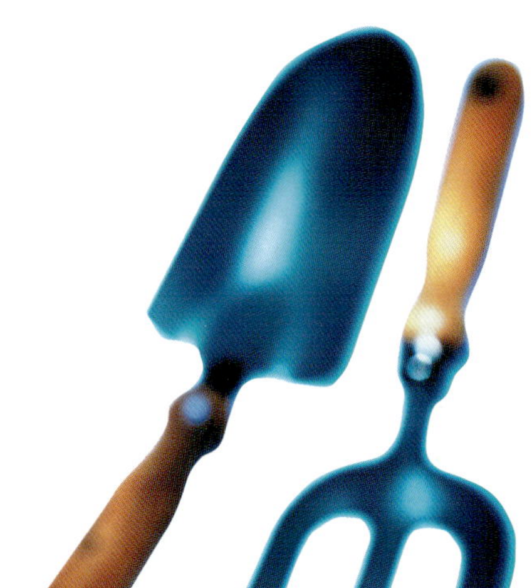

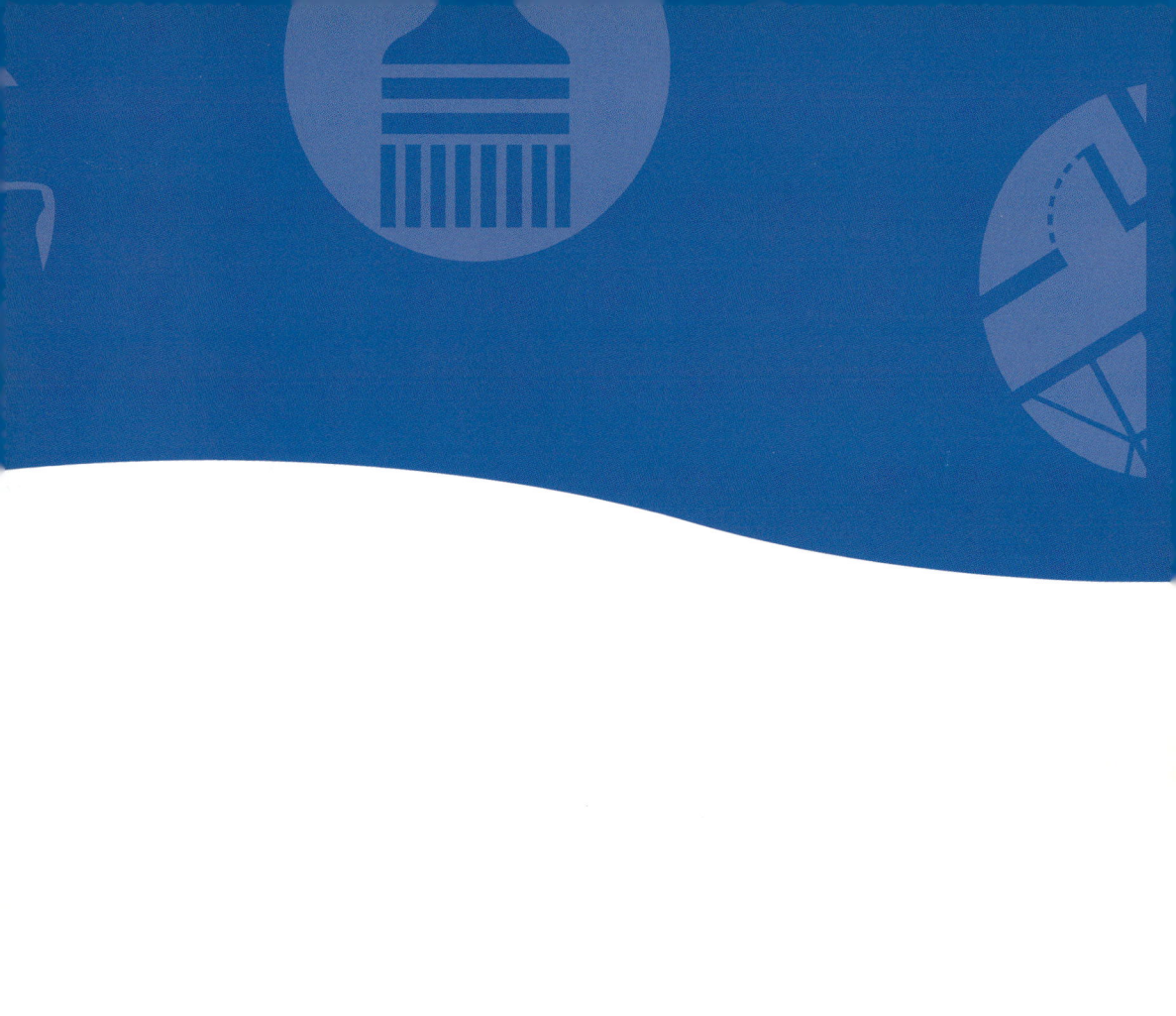

Sencillos arreglos y mejoras

Mejoras y mantenimiento del hogar

Más allá de los elementos puramente decorativos, entre los que hemos incluido la pintura y el empapelado, entraremos ahora en otros aspectos decorativos de más envergadura, que precisan tener un equipo básico de herramientas y ciertas dotes para el bricolaje. Incluso iremos más allá de lo decorativo y procuraremos mejoras prácticas en nuestro hogar, además de algunos cuidados y reparaciones que garantizarán su buen mantenimiento. Para muchos, el capítulo que se abre ahora se refiere casi a una afición, e indiscutiblemente, a una forma de mejorar y mantener nuestro hogar haciéndolo nosotros mismos y ahorrando algo de dinero.

Hágalo usted mismo

El principio básico de este capítulo es precisamente éste: hágalo usted mismo. Haga sus propias mejoras y repare usted mismo las posibles averías de su casa. Es una forma de ahorrar dinero, pero también una satisfacción.

¿QUÉ MEJORAS PODEMOS HACER EN CASA?

Las mejoras dependen de su imaginación, del presupuesto disponible, de su equipo de herramientas y, sobre todo, de su habilidad y su voluntad de hacerlo. Estos son algunos ejemplos de las tareas que puede hacer usted mismo:

Mejoras en el hogar

- Hacer un armario empotrado con planchas prefabricadas.
- Bajar los techos del pasillo.
- Instalar una pequeña chimenea en casa.
- Poner un suelo de parqué flotante.
- Poner un suelo o una pared de corcho.
- Cambiar el zócalo del pasillo.
- Pintar o barnizar los porticones de las ventanas.
- Cambiar el mármol de la cocina, etc.

Reparaciones y mantenimiento del hogar

- Arreglar goteos o escapes de agua y desatascar las tuberías.
- Arreglar fallos en el sistema eléctrico.
- Arreglar puertas que no abren bien o rozan al abrirse y cerrarse.
- Arreglar pequeños electrodomésticos averiados.
- Arreglar muebles rotos o viejos.
- Reparar persianas encalladas.
- Reparar objetos decorativos que se han roto accidentalmente.
- Limpiar manchas sobre alfombras, tapicerías, suelos, muebles y ropa.
- Mantener el jardín bien cuidado y sano, etc.

10 consejos útiles para la mejora y mantenimiento de su hogar

1. Inicie sólo tareas que sepa que puede hacer, contando siempre con los materiales, recambios y herramientas que pueda necesitar, y sobre todo siendo consciente de sus capacidades y limitaciones.

2. Tenga un equipo de herramientas básico; las herramientas deben ser de buena calidad; de lo contrario, un trabajo agradable y creativo se convierte en una tortura.

3. Tenga un equipo de limpieza adecuado para la tarea que emprende, y que una reparación no acabe estropeando otras cosas: piense que algunos disolventes, por ejemplo, pueden estropear la pintura de la pared, un mueble o el propio suelo.

4. Proteja sus manos con guantes si no está acostumbrado a manejar herramientas, y sobre todo si utiliza productos corrosivos. Utilice gafas y máscaras protectoras si hubiera riesgo de lesiones en la vista o inhalaciones peligrosas.

5. Planee bien el trabajo antes de empezar, para que los pasos a seguir sean los adecuados. Recuerde que acabar un montaje entero y ver una pieza que se ha olvidado le supone desmontarlo todo otra vez.

6. Tenga en cuenta la hora y el día que ha elegido para trabajar. Los domingos los vecinos suelen dormir hasta bien entrada la mañana y podría molestarles al arrastrar muebles, con los martillazos o con el ruido del taladro.

7. Controle también las repercusiones que la tarea tendrá sobre el ritmo normal de la vida familiar. Si pinta la habitación, es fácil que no pueda dormir en ella esa noche.

8. Tenga ropa vieja para estas ocasiones: la experiencia demuestra que se empieza pensando que va a ser poca cosa y que no es necesario cambiarse, y al final siempre hay una gota o un enganchón que estropean nuestra ropa de calle.

9. Acostúmbrese a calcular qué le habría costado llamar a un técnico y considere su trabajo como un ahorro económico comprobado.

10. No haga de estas mejoras y reparaciones una molestia: tómelas como algo creativo y acabará descubriendo una afición.

Sabía que...

Hay tiendas especializadas en bricolaje que, además de vender las herramientas y artículos necesarios, le asesoran sobre el trabajo que quiere hacer en su casa, y también le alquilan a muy buenos precios herramientas de especialista (e incluso un vehículo para que pueda llevárselas).

Las herramientas básicas

La diferencia fundamental entre disfrutar del bricolaje y sufrir para acabar haciendo una chapuza es contar con un buen equipo de herramientas. Incluso un tornillo puede ser una pesadilla si el destornillador se despunta, o si el tornillo se deshace o entra torcido. Un buen equipo de herramientas dura toda la vida, así que vale la pena comprarlo de calidad. El material básico no es muy extenso: bien elegido, ahorrará tiempo y dinero, facilitará el trabajo y acabará dando grandes satisfacciones.

Instrumentos de medida

Una **regla**, una **escuadra** y un **cartabón** servirán para las medidas más sencillas y para los ángulos rectos, aunque también es importante tener una **escuadra graduable**, por ejemplo, para guiar cortes en otros ángulos.

Muy útil para medidas más largas es el **metro plegable**, preferiblemente metálico, ya que se mantiene rígido y facilita ciertas maniobras, de muy fácil manejo (gracias a que es enrollable) y suele tener un práctico sistema de bloqueo.

Martillos

- Los **martillos de carpintero** tienen una parte delgada que permite hundir los clavos en la madera hasta que agarran. Una vez bien orientados, pueden clavarse ya con la parte contundente del martillo, sujetándolo por el borde del mango, ya que así se optimiza la fuerza del golpe.

- Los **martillos de orejas** tienen dos extremidades que actúan como tenazas y que resultan muy útiles para arrancar clavos.

- La **maza** tiene mucho más cuerpo y un gran tamaño en su cabeza, y sirve generalmente para golpear con gran fuerza sobre otra herramienta como, por ejemplo, un escoplo.

- El **mazo de madera** o **de goma** se utiliza cuando la superficie a golpear puede deteriorarse; por ejemplo, si hay que presionar dos trozos de madera para encolarlos. Asimismo, si hay que clavar un clavo sobre madera delicada es mejor utilizar un **botador de clavos** que ayude a concretar el golpe.

Tenazas y alicates

- Las **tenazas** se usan básicamente para arrancar clavos; también como pinzas cortantes, siendo el largo de su mango lo que condiciona la fuerza que desarrollan, ya que trabajan por efecto de palanca.

- Los **alicates** también pueden utilizarse como pinzas

cortantes, por ejemplo para pelar cables eléctricos o cortar alambre, aunque su punta dentada proporciona otras utilidades: con su parte plana se pueden sujetar firmemente pequeños objetos, para lijarlos o para acercarlos a una fuente de calor, y con su parte circular dentada se pueden sujetar otros objetos, como varillas, o destornillar roscas o tornillos cuya cabeza se ha deteriorado y, por tanto, ya no puede hacerse con la llave inglesa.

La llave inglesa

Existen 3 modelos básicos:

➤ La **llave fija** (o plana) tiene diferentes medidas numeradas que encajan perfectamente con los tamaños de los pernos o de las tuercas, y suele ir en un mango con una llave en cada extremo.

➤ La **llave ajustable** es muy útil si no se dispone de toda la numeración de llaves fijas, ya que se adapta a diferentes tamaños de tuercas.

➤ La **llave corrediza** presenta una boca redondeada y dentada que se adapta a objetos cilíndricos, como tuberías o grifos. Normalmente servirá una llave de 235 mm. Es importante no utilizar esta herramienta para tuercas corrientes, ya que sus dientes se comen su cabeza hexagonal y luego no pueden emplearse las llaves inglesas adecuadas.

Cortar y serrar

➤ El **serrucho de carpintero** permite serrar todo tipo de maderas, listones y tableros. La **sierra de costilla** incorpora una cinta de acero en la parte superior de la hoja dentada, que le aporta rigidez y permite un corte limpio y recto, ideal para cortar tacos, aunque a veces esta misma cinta ejerce de tope y no se puede profundizar en el corte más allá del alto de la hoja dentada. Esta misma sierra, pero más estilizada y con un dentado menor, sirve para cortar ingletes con la ayuda de una escuadra de ingletear.

➤ Las **sierras en arco** se usan para cortar metales o materiales sintéticos, en este caso con los dientes hacia delante y con un mango metálico en forma de arco.

➤ Las **cuchillas universales** de hojas desechables, también llamadas cúter, se utilizan para cortar cuero, papel, cartón, plástico u otros materiales, muchas veces apoyadas sobre una regla para obtener un corte lineal y siempre con la máxima precaución, ya que su punta es muy fina e incisiva.

➤ Unas buenas **tijeras** son también imprescindibles para sus múltiples usos.

Limas

Existen diferentes tipos de limas: **planas, mediacaña, redondas, cuadradas** y **rectangulares**. La más polivalente es la mediacaña. Alisa la madera y el metal, iguala las superficies, elimina las irregularidades y afila las hojas. Asimismo, es útil tener diferentes grosores de papel de lija.

Destornilladores

➤ Los **destornilladores rectos** y los **de estrella** son los más frecuentes. Se pueden tener puntas reversibles para unos y otros, o hacerse con un juego completo de tamaños para los dos tipos. Hay que tener en cuenta no sólo el tamaño de la hendidura del tornillo, sino también una longitud del brazo del destornillador que permita llegar con facilidad al tornillo. Para trabajos de electricidad se utilizan destornilladores de brazo largo y a menudo recubierto por una funda aislante.

➤ La **barrena** es un buen complemento del destornillador, ya que permite preparar el agujero inicial sobre el que se asienta la punta del tornillo antes de atornillarlo.

Otras herramientas y complementos

La caja de herramientas se completa con otros útiles más comunes o más especializados, desde cinta adhesiva o alguna cuerda hasta una escalera o aceite para mantener las herramientas sin óxido, pasando por unas gafas de protección y unos guantes gruesos para los trabajos más duros.

Taladradora y atornilladora

Esta herramienta incorpora una fuerza superior a la mano del hombre, así que abre unas posibilidades magníficas en nuestra caja de herramientas. Sus dos usos más frecuentes son el empleo de brocas para abrir agujeros en madera y paredes (para lo cual se utilizan brocas diferentes) y las funciones de atornilladora y destornilladora, aunque cuenta con numerosos accesorios adicionales para pulir, serrar, amolar, etc.

Ahorre tiempo

Adhiera una pieza en la parte exterior de cada bote con cinta adhesiva y deposite en cada uno el mismo tipo de clavo, tornillo, punta o taco; de esta manera podrá encontrar rápidamente lo que necesita.

Pequeños accesorios siempre útiles

▶ **Papel de lija con granulado diverso y el taco de lijar**, donde envolver el papel y realizar el trabajo de una manera más cómoda. La lijadora mecánica es preferible alquilarla en ocasiones puntuales y cuando sea absolutamente necesaria.

▶ **Piedra para afilar** y mantener en buen estado todas las herramientas cortantes.

▶ **Un nivel de burbuja** le será imprescindible para comprobar la verticalidad y horizontalidad de las superficies con exactitud. Procure que mida entre 50 y 70 cm.

▶ **Puntas, tornillos y clavos** de diferentes tamaños y formas, para madera o metal, así como para fijar moquetas o tapicerías.

▶ **Tacos** que permiten sujetar o aumentar la fijación: diversos tipos dependiendo de la superficie en la que se apliquen.

▶ **Escoplos o formones** de varios tamaños para trabajos de carpintería.

▶ **Guantes resistentes y gafas protectoras** son parte de la indumentaria necesaria para poder trabajar en unas condiciones de seguridad óptimas.

▶ **Cinta adhesiva y cinta aislante.**

▶ **Cable eléctrico, cuerdas y cordeles.**

Complementos de la caja de herramientas

- ➤ Muchas veces se hace necesaria una buena **escalera plegable** para acceder a techos o altillos con comodidad. Procure que sea de un material ligero.

- ➤ Tenga siempre a mano un **botiquín básico** por si sufriera alguna herida al utilizar el cúter u otra herramienta.

- ➤ Es recomendable tener un **pequeño extintor** para casos de urgencia.

- ➤ Si dispone de espacio, es recomendable también tener un **banco de trabajo** donde realizar algunas operaciones concretas, como por ejemplo el serrado, el lijado, el encolado de piezas, etc.

Cada herramienta en su sitio

Mantenga ordenado todo el equipo de herramientas; así encontrará lo que necesita de manera ágil y rápida, y conservará cada pieza en perfecto estado.

- ➤ El **tablón de herramientas** es muy práctico. Sujete a la pared un tablero de madera, clave los diferentes soportes y dibuje la silueta de cada herramienta sobre la madera para que cada pieza tenga su lugar concreto. Colgar las brochas evitará que las cerdas se estropeen, y las sierras y martillos se conservarán más tiempo en perfectas condiciones.

- ➤ La **estantería** es básica para tener los tarros con diferentes tamaños de clavos o los botes de pintura, disolventes, etc.

- ➤ Los **armarios** y **cajones cerrados** le aseguran que sus hijos no cojan las herramientas y puedan despuntarlas o hacerse daño.

- ➤ Los **bolsos de lona** facilitan el transporte de las pequeñas herramientas.

Mantenimiento de las herramientas

Las herramientas suelen estar largos períodos de tiempo sin utilizarse, lo que provoca la formación de óxido y su deterioro general. Puede ahorrar dinero y tiempo llevando a cabo algunas tareas que optimizarán su conservación:

- ➤ Utilice cera en pasta (para automóviles) para encerar las hojas de las herramientas.

- ➤ Elimine los disolventes o similares después de utilizarlas.

Truco casero

Deposite varios trozos de tiza en cada uno de los departamentos de su caja de herramientas y evitará la formación de óxido: la tiza absorbe la humedad.

- ➤ Si se le acumula óxido, frote con un disolvente de óxido y un estropajo de acero y después pase un poco de aceite.

- ➤ Para afilar las herramientas cortantes, como los escoplos, puede recurrir a una tienda o hacerlo usted mismo con piedra de afilar.

- ➤ Elimine las asperezas de los mangos de las sierras con una lija, evitando de esta manera que le salgan ampollas en las manos.

Consejos básicos para el electricista aficionado

Las reparaciones básicas en el circuito eléctrico de su vivienda no son difíciles, pero resulta esencial contar con un equipo mínimo y tener siempre presentes algunas medidas de seguridad. A partir de aquí será fácil afrontar un apagón inesperado o pequeñas reparaciones en la instalación eléctrica de su casa, cosas sencillas como cambiar un enchufe o sustituir el fluorescente de la cocina.

Equipo básico de herramientas

➤ **Velas y una linterna** para afrontar cualquier apagón inesperado y poder trabajar bien mientras la luz está cortada. Téngalas siempre a mano, en un cajón específico donde pueda localizarlas inmediatamente. No olvide ir cambiando las pilas de la linterna periódicamente, para que no estén en mal estado precisamente el día en que las necesite. Tenga también un mechero y una caja de cerillas para encender las velas.

➤ **Alicates y tenazas** son las herramientas básicas para trabajar con cables eléctricos, ya que se usan para doblarlos, cortarlos y pelarlos. Elija siempre los que tienen las abrazaderas con plástico aislante.

➤ **Navaja o cúter**, también adecuadas para cortar y pelar cables eléctricos.

➤ **Juego de destornilladores**, preferiblemente con mango aislante, algunos con puntas planas y otros de estrella, sobre todo de medidas pequeñas, que son las que suelen corresponderse a la instalación eléctrica de una casa.

➤ **Cinta aislante** para realizar pequeñas reparaciones temporales, como proteger un empalme o un cable que ha quedado algo pelado, o también para aislar alguna punta de cable que provisionalmente va a quedar a la vista, por ejemplo porque aún no ha colocado la lámpara.

➤ **Bombillas de repuesto**, para no pasar incomodidades y cambiar la que se ha fundido al momento.

Piense que en algunas habitaciones sólo hay una bombilla, y que no tener una de repuesto puede suponer tener la habitación a oscuras hasta que compre otra.

➤ **Un pequeño extintor** de espuma apto para incendios eléctricos.

Ahorre tiempo

Tenga un cajón en el recibidor, que es donde suele estar la caja de la instalación eléctrica de su casa, y guarde en él las velas, la linterna, las cerillas y el mechero de emergencia. Si tiene espacio, guarde también sus herramientas básicas, ya que si las tiene mezcladas con el resto de su caja de herramientas puede tardar en encontrar un pequeño fusible o un destornillador.

Tres normas básicas de seguridad

1. Ojo con el bricolaje

▶ La instalación eléctrica puede verse afectada cuando haga determinados trabajos de bricolaje en casa, ya sea por sobrecarga de la instalación, si está utilizando aparatos muy potentes, o por sobrecarga de un punto concreto, por ejemplo si enchufa varios aparatos en un mismo enchufe. La línea puede sobrecalentarse e incluso arder. Esté atento a los olores a quemado y controle que ningún punto del cable o del enchufe esté ennegrecido.

▶ Antes de utilizar el taladro, por ejemplo, asegúrese de que allí donde va a hacer el agujero no hay cables en el interior de la pared, ya que puede sufrir una descarga eléctrica o producir un cortocircuito. Fíjese en los juegos de enchufes e interruptores que tiene a la vista y calcule por donde pueden ir los cables.

2. El agua es un enemigo de la electricidad

▶ El agua y la humedad son grandes enemigos del electricista, ya que el agua es conductora de la electricidad.

▶ Nunca trabaje con las manos mojadas, ni siquiera húmedas, ni con el pelo mojado o alguna prenda húmeda o muy sudada, ya que se puede producir una descarga.

▶ Sea igualmente prudente cuando trabaje en lugares con un alto grado de humedad o condensación, como puede ser el baño.

▶ No utilice nunca agua para extinguir un incendio provocado por un contacto eléctrico. Si llegara a arder, corte primero la luz y luego intente apagarlo. Piense que, si tira agua sin cortar la corriente, ésta hará de conductor y transmitirá la electricidad a todas las zonas mojadas. Recuerde que existen extintores de espuma específicos para incendios del sistema eléctrico.

3. Tenga la instalación eléctrica en condiciones óptimas

▶ Adapte su instalación a las nuevas normas de seguridad y tenga siempre instalado un diferencial que salte automáticamente ante cualquier anomalía en la instalación. Se evitará averías y estará más seguro.

▶ Procure que en las instalaciones en sótanos o en las instalaciones situadas al aire libre, el tendido eléctrico se lleve a cabo a partir de cajas de distribución, enchufes y llaves de seguridad: así reducirá riesgos.

▶ Inspeccione regularmente cables y enchufes situados en lugares ocultos y repárelos en cuanto vea la más mínima anomalía. En caso de problema, forre el cable con cinta aislante sólo provisionalmente y sustitúyalo lo antes posible.

Pequeños trabajos de electricidad

Cambiar una bombilla, el tubo fluorescente de la cocina o unos fusibles fundidos son tareas muy sencillas que no requieren llamar a un técnico, así que puede hacerlas usted mismo sin mucho esfuerzo y sólo con un poco de cuidado.

Cambiar una bombilla

Es una operación muy sencilla, así que sólo tiene que recordar 3 detalles:

➤ Aunque sea una operación fácil, corte la luz para trabajar tranquilamente.

➤ Si no va a cortar la luz, como ocurre habitualmente, coja la bombilla por el cristal y desenrósquela sin tocar el casquillo.

➤ Recuerde esperar a que la bombilla fundida se enfríe si se ha fundido después de haber estado un rato encendida, ya que si hubiera llegado a calentarse mucho podría quemarse los dedos. Si tiene mucha prisa por cambiarla, utilice un trapo como protección.

Mantenimiento de los tubos fluorescentes

Es muy habitual que cualquier día los fluorescentes de la cocina o de cualquier otra estancia empiecen a parpadear o dejen de dar luz normal. Puede que haya habido un bajón temporal de fluido eléctrico, aunque si las anomalías continúan mucho tiempo es posible que el tubo no esté en condiciones.

➤ Si sólo se encienden los extremos del tubo, parpadea constantemente, o se enciende y apaga de manera regular tendrá que cambiar el cebador.

➤ Reemplace el fluorescente si nota que los extremos están ennegrecidos: puede haber un mal contacto.

➤ En caso de que un tubo recién comprado ofrezca una luz tenue, enciéndalo y apáguelo regularmente hasta que adopte la intensidad adecuada.

➤ No lo cambie si cree que puede haber algún problema en el circuito eléctrico: podría estropearlo.

➤ Asegúrese de que el cebador y el tubo fluorescente que quiere cambiar son los apropiados para su circuito.

Uso y cambio de fusibles

Los fusibles, como su propio nombre indica, se funden e interrumpen la corriente ante la sobrecarga o el recalentamiento de algún cable, así que evitan daños mayores.

➤ Coloque fusibles de 3 amperios para aparatos de hasta 700 vatios, como mantas eléctricas, herramientas, equipos de música, relojes, lámparas, etcétera, y para el resto un fusible de 13 amperios. Nunca utilice un fusible con más amperios de los que necesita, ya que aumenta su capacidad de resistencia y evita que cumplan su función. Si no sigue esta regla, podría provocar sobrecargas, recalentamientos o incluso un incendio.

➤ Cuando tenga que trabajar en alguna reparación puede optar por cortar la corriente de la llave general o por quitar el fusible. En este último caso, guárdeselo en el bolsillo para no perderlo.

➤ Marque con un bolígrafo o rotulador a qué corresponde cada fusible; así podrá cortar la corriente sólo en la zona de su hogar que necesita para trabajar, y evitará dejar toda la vivienda sin electricidad. Habrá visto alguna vez una caja de la instalación eléctrica con cartelitos que ponen garaje, casa, lavadero, etcétera. Es muy útil y le permitirá organizar mejor su trabajo. Además, podrá detectar rápidamente dónde está el problema en caso de saltar un fusible.

Interpretar los cables de colores

Observará que los cables eléctricos son de diferentes colores. El objetivo de esta distinción es trabajar con más seguridad al poder reconocer con facilidad cada cable. En las instalaciones modernas los de color verde-amarillo van a tierra, el azul es neutro y el negro o marrón es el de polaridad. En los antiguos sólo hay dos polos, uno gris que es el neutro y otro negro que es el de polaridad. Aun así, compruebe con el destornillador de polaridad cuál es realmente el cable polarizado.

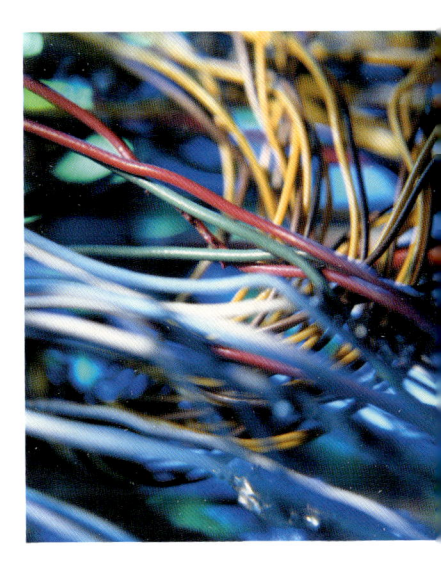

TERMINOLOGÍA BÁSICA SOBRE ELECTRICIDAD

➤ **AMPERIO:** unidad eléctrica que mide la cantidad de corriente de un circuito.

➤ **CABLE VIVO:** cualquier cable por el que pasa corriente eléctrica.

➤ **CIRCUITO:** círculo completo por el que pasa la corriente eléctrica.

➤ **CONDUCTOR:** cualquier objeto susceptible de transmitir electricidad.

➤ **CORTOCIRCUITO:** circuito que se desvía por cables que no pueden soportar la cantidad de calor generada.

➤ **FUSIBLE:** resistencia débil que protege, desconectando la corriente si detecta algún fallo.

➤ **HILO DE TIERRA:** lleva la electricidad hasta el suelo en caso de haber algún fallo en el circuito.

➤ **HILOS:** componentes de un cable. Hilo neutro, hilo con electricidad y cable de tierra.

➤ **VATIO:** unidad que mide la cantidad de electricidad consumida por un aparato eléctrico.

➤ **VOLTIO:** unidad que mide la diferencia de potencial en un circuito.

Fontanería de emergencia

El problema de las emergencias de fontanería es que tienen un alcance mucho mayor que su propia avería. No sólo crean la incomodidad de que lo dejan todo mojado, sino que el agua tiene un poder destructivo enorme: puede estropear zócalos, muebles de madera y alfombras, puede crear un cortocircuito si llega a tocar la instalación eléctrica, y hasta puede filtrarse por el suelo y empezar a gotear en el piso de abajo, de manera que usted tendría que hacerse cargo de los gastos de reparación de su vecino, especialmente de la pintura del techo, así que vale la pena tener nociones básicas de fontanería de emergencia y actuar cuanto antes mejor.

La cisterna se desborda

- Cierre la llave de paso del agua, que suele estar en la pared y detrás de la cisterna, y así dejará de recibir agua.

- Si estuviese atascada, cierre la llave de paso general de su casa.

- Otra solución rápida es levantar el flotador que marca el nivel máximo de llenado y atarlo en esta posición, ya que cierra la entrada de agua. De hecho, si está saliendo agua es porque este dispositivo ha fallado.

¡Cuidado!

Cierre la llave general de la luz si hay agua cerca de los aparatos eléctricos o los cables. Recoja toda el agua posible y seque los cables antes de volver a conectar la electricidad, ya que podría recibir una descarga eléctrica al tocar el interruptor.

- Si efectivamente el flotador está estropeado, tendrá que comprar otro: los más pequeños son para cisternas de inodoro, aunque existen otros más grandes para depósitos de agua que puede tener en el terrado o sobre el garaje. Asegúrese de que es el flotador correcto y que cumple bien su función de limitador del nivel de agua.

- También suele ocurrir a veces que el flotador tiene el brazo torcido. En este caso, el flotador queda demasiado alto y no cierra completamente la válvula de entrada de agua. Si el brazo es de metal, puede utilizar una llave inglesa para doblarlo y darle su posición original, y si es de plástico, afloje la tuerca y baje el flotador.

- También puede ocurrir que la arandela de la válvula esté desgastada y continúe entrando agua en la cisterna aunque esté llena. Cierre la llave de paso para reemplazarla, quite el pasador que sujeta el brazo a la válvula, y cambie la arandela vieja por una nueva.

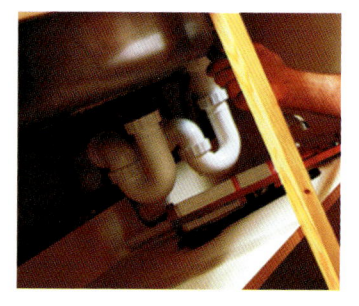

Lavadora y lavavajillas

- Si una lavadora automática empieza a perder agua, gire inmediatamente el mando del programador hasta el final y apáguela.

- Si no se ha mojado el enchufe ni usted tampoco, desenchúfela.

- Si existiera la más mínima posibilidad de que haya contacto entre el agua y la instalación eléctrica, corte la llave de paso de la luz inmediatamente. De hecho, cortar el suministro eléctrico debería hacerse en cualquier caso.

- Posteriormente, recoja el agua extendiendo toallas en la zona inundada.

- Si la lavadora desagua en el fregadero, compruebe que la goma está bien colocada: a lo mejor es que simplemente se ha salido de su sitio.

- Asegúrese de que ha utilizado el tipo y la cantidad de detergente adecuado: a veces es una simple cuestión de exceso de espuma.

- Compruebe siempre que el filtro y el cajetín del detergente estén colocados correctamente.

- Si intuye que la inundación puede ser consecuencia de un problema mecánico en la lavadora, lo mejor es llamar rápidamente al técnico, pero entretanto vacíe la lavadora, apáguela y desconéctela.

Truco casero

Puede también echar un puñado de sal en los desagües diariamente. La sal retrasa el punto de congelación del agua.

Descongelar una tubería

Es un problema habitual en lugares donde los inviernos pueden ser ocasionalmente muy fríos. El agua de las tuberías se congela y por tanto se dilata, de manera que puede llegar a romper las tuberías. Esto sólo ocurre en casos extremos, pero lo más frecuente es que estos tramos congelados no dejen pasar el agua.

- La norma básica es descongelar lentamente: el hielo puede haber causado grietas en las tuberías y se podría provocar una inundación.

- Con paciencia, puede utilizar una estufa de aire caliente: el aumento de la temperatura en el habitáculo hará aumentar lentamente la temperatura de la tubería.

- Si no se sabe el punto exacto donde se ha congelado, abra todos los grifos uno a uno y observe qué pasa: en el momento en que llegue a la parte congelada el agua volverá a salir.

- Si la tubería está a la vista, utilice un secador de pelo. Si no es así, vierta por el desagüe un poco de agua caliente.

- De todas formas, lo mejor es prevenir. Si va a dejar toda la semana la casa cerrada y pueden venir heladas, corte el agua y deje los grifos abiertos hasta que las tuberías se vacíen. Así, aunque haga mucho frío, no habrá en ellas agua para congelarse. Al llegar el próximo fin de semana, encienda el agua y no olvide ir cerrando los grifos que dejó abiertos.

Reventón de tuberías

El problema es que el reventón puede estar en un punto oculto, de manera que usted sólo ve el agua en la pared o en el techo.

- Cierre la llave general del agua y abra los grifos hasta que se vacíen todas las tuberías.

- Si ve el punto del reventón, ate un trapo alrededor de la grieta y ponga un recipiente debajo para recoger la gotera. Inmediatamente, llame al fontanero.

- Si el reventón está en una tubería exterior, tendrá que cerrar la llave de paso exterior. Téngala localizada para no tener que buscarla ante una emergencia. En ocasiones, necesitará una llave especial para cerrarla: téngala a mano. También es interesante que 2 ó 3 veces al año abra y cierre esta llave para que no se atasque al estar siempre en la misma posición.

Pequeñas reparaciones de fontanería

Un simple goteo en un grifo, una fisura en una tubería, las cañerías atascadas o con mal olor, o incluso un ruido molesto en un conducto de agua son problemas de fontanería muy usuales, que pueden resolverse de una manera sencilla.

Goteo en los grifos

En la mayoría de ocasiones se trata de sustituir la arandela de goma estropeada por una nueva. Compre arandelas sintéticas de color negro, apropiadas para grifos de agua caliente y fría. Vaya a la ferretería con la muestra de la vieja para acertar con el tamaño y el grosor. Si no la encuentra exactamente igual, compre las más aproximadas y recórtelas a medida. Compre varias por si alguna no se puede aprovechar.

➤ Empiece cerrando la llave general de paso y dejando salir toda el agua que haya en las tuberías.

Truco casero

Para eliminar la molestia que produce el goteo de un grifo ate un trozo de cordel a la boca del mismo. El agua descenderá silenciosamente por el cordel.

➤ Quite el tornillo que sujeta la parte superior del grifo. A veces, aparece tapado por un plástico.

➤ Quite la cubierta del grifo. Si le cuesta, vierta agua caliente o ate un trapo alrededor y desenrosque con una llave inglesa. Sujete el resto del grifo para que gire sólo la parte superior.

➤ Desatornille la tuerca principal, levante después la válvula, quite el tornillo que sujeta la arandela y cámbiela por la nueva.

➤ Coloque la pieza en su sitio y a contiuación abra la llave de paso y el grifo hasta que empiece a salir el agua. No se olvide de hacerlo; si no, se formará una bolsa de aire en la tubería que provocará ruidos molestos.

Goteo de una tubería

El goteo en una tubería implica muy posiblemente la existencia de una grieta. Igual que cuando gotea un grifo, lo primero es cerrar la llave de paso y abrir todos los grifos hasta que se vacíe por completo la tubería.

➤ Para iniciar la reparación necesitará cola de resina de dos componentes y cinta impermeabilizante.

➤ Antes de aplicar la cola, lije bien el espacio que ocupa la grieta y asegúrese de que está completamente seco.

➤ Mezcle la cola y el endurecedor y coloque encima la cinta, aplicando sobre ella otra capa de cola.

➤ Esta última capa deberá secarse y endurecerse antes de que vuelva a pasar el agua. El tiempo de secado puede oscilar entre 10 minutos y 24 horas, dependiendo del tipo de producto utilizado.

¡Cuidado!

Tenga cuidado si utiliza sosa cáustica: reaccionará con la grasa y formará una pasta que podría tapar por completo el desagüe.

▶ Puede realizar una reparación de emergencia en un tubo de cobre, revistiéndolo con un tubo de plástico 10 cm más largo que la grieta, y envolviendo éste en cinta para mangueras.

Tuberías con ruido

▶ Puede que haya alguna tubería mal instalada, con lo que únicamente será necesario colocar algunas bridas en los tramos donde veamos que podemos corregir las vibraciones.

▶ El ruido puede ser debido también a la formación de burbujas de aire en el tubo. En este caso habrá que buscar dichas burbujas, que suelen producirse en los puntos muertos de los sifones, ya que la corriente del agua las arrastra por las tuberías.

▶ Otra posibilidad es una junta defectuosa, así que habría que cambiarla.

Fregaderos e inodoros atascados

▶ Si tiene el fregadero atascado, lo primero que tiene que hacer es sacar el agua con un recipiente y probar con cristales de sosa y agua hirviendo. La proporción es una taza de cristales de sosa por cada 2 l de agua. También puede utilizar una taza de sal y una de bicarbonato sódico, seguidas igualmente de un par de litros de agua hirviendo, o bien, una taza de vinagre seguida de agua caliente.

▶ Si esto no funciona, utilice un desatascador y proceda a bombear por el desagüe del fregadero para crear un vacío. Tape mientras lo hace los otros desagües: de lo contrario, el agua pasará de uno a otro.

▶ Una última opción consiste en pasar un alambre por el espacio donde está el tapón del sifón. Cuando consiga desatascarlo, eche cristales de sosa y agua hirviendo.

¡Cuidado!

No eche por los desagües del lavadero o del lavabo sustancias como manteca derretida, grasa, restos de café molido, hojas de té, pelos, pañales desechables o pañales de gasa, ya que podrían bloquear las tuberías o producir olores muy desagradables.

▶ Si el atasco es en el inodoro, sobre todo no intente tirar de la cadena, ya que se puede desbordar el agua. Utilice un chupón, un desatascador para inodoros o incluso una escobilla. Mueva el desatascador hacia arriba y hacia abajo y logrará crear un vacío que desatascará el inodoro.

Reparación de cristales

Uno de los elementos más frágiles de la casa son los cristales. En el caso de las ventanas, el mayor riesgo lo constituyen tanto las corrientes de aire como las posibles roturas que provocan los portazos. En la cocina y en la mesa, el mayor riesgo son las roturas accidentales de vasos o copas. En cualquier caso, lo más importante es, sin duda, recoger los cristales sin cortarse y conocer las técnicas básicas de reposición y reparación de cristales.

Recoger los cristales rotos

▶ Recoja todos los cristales con una escoba y un recogedor. Barra a conciencia para que no queden restos en el suelo. Recuerde que el cristal, al caer al suelo, estalla de tal manera que aparecen pedazos de cristal a varios metros de distancia.

▶ Evite en la medida de lo posible coger los cristales con la mano; si lo hace, utilice para ello unos guantes lo suficientemente gruesos como para evitar que se corte.

▶ Cuando haya recogido todos los cristales visibles, pase el aspirador para acabar de recoger los pequeños trocitos de cristal que pueden haber quedado en las juntas de las baldosas o en otros rincones: así evitará que se peguen a la suela de los zapatos y se extiendan por toda la casa.

▶ En el caso de cristales rotos en una ventana, quite los restos que queden en el marco con la máxima precaución: utilice siempre unos guantes gruesos, pero asegúrese de que el tejido no es resbaladizo.

▶ Si gran parte de los cristales han quedado fijados al marco tendrá que acabar de derribarlo con sumo cuidado. Coloque varias tiras de cinta adhesiva para sujetar el cristal y que no salte en mil pedazos. Póngase guantes y gafas protectoras. Coloque un trapo grueso en el punto donde va a golpear y dele un golpe con un martillo grande.

▶ Si quedase algún trozo de cristal muy sujeto al marco, dele unos golpecitos con mucho cuidado hasta conseguir que se desprenda. Utilice un martillo pequeño envuelto en tela: así podrá sacarlo sin que el cristal se astille.

▶ Ponga varias hojas de periódico en el fondo y en los laterales de la bolsa de basura: evitará que los cristales la perforen. Cubra también la superficie con una capa de periódicos para no cortarse al cerrarla.

Asegurar el cristal de la ventana

La masilla que soporta el cristal puede endurecerse con el tiempo: entonces se rompe y se va cayendo a trozos, de manera que el cristal pierde sujeción:

➤ Compruebe si la masilla está muy agrietada, si ha perdido adherencia y se desprende con facilidad, o si el cristal empieza a moverse o a vibrar.

➤ Si es así, proceda a quitar toda la masilla y a reponerla por completo.

➤ Quite la masilla con un formón. A medida que la quita, vaya asegurando el cristal con unos clavitos sobre la marquetería. Reponga luego todo el perímetro con masilla nueva. Asegúrese de que el cristal queda bien fijado.

Cambiar el cristal de la ventana

➤ Si se ha roto el cristal y va a cambiarlo, recuerde que el nuevo debe ser 1 ó 2 mm más pequeño de la medida del hueco del marco.

➤ Elimine los restos de masilla, limpie bien el marco y rellene con una capa de masilla.

➤ Coloque el cristal presionando suavemente por los extremos: si aprieta por el centro del cristal, podría romperse.

➤ Asegure el cristal en su posición con unos clavitos sobre el marco. Rellene con masilla y alísela bien con la espátula.

➤ Coloque los listones de marquetería o cualquier otro tipo de soporte.

Truco casero

A menudo guardamos los vasos apilados unos encima de otros, quedando encajados. Es frecuente que al intentar desencajarlos se rompan y, por ello, nos cortemos. Un truco sencillo para evitarlo es poner hielo en el vaso interior para que se contraiga, y sumergir en agua caliente el vaso exterior para que se dilate. En unos segundos resulta facilísimo desencajarlos.

➤ Asegúrese de que el cristal ha quedado perfectamente colocado para que no vibre o deje pasar el aire.

Reparación de muescas en vasos y copas

➤ Las muescas en la boca de un vaso o de una copa son sencillas de reparar: frote la zona astillada con un trocito de papel de lija extrafina hasta alisar totalmente el canto.

➤ Si ha tenido que rebajar mucho la zona, lije alrededor hasta igualar el perímetro de la boca.

➤ Cuando a simple vista parezca igualado, compruebe que ha quedado perfectamente pulido pasando el dedo suavemente.

➤ Para asegurarse de que la reparación ha sido impecable, haga la prueba final: llévese la copa a los labios para comprobar que ha quedado perfectamente.

Reparación del pie de una copa

➤ Lave las piezas con agua y lavavajillas y séquelas bien.

➤ Ponga la copa boca abajo sobre un trapo de cocina.

➤ Pruebe de adaptar el pie para asegurarse de que encaja bien y que no falta ningún trozo de pie.

➤ Aplique una gota de pegamento sintético en la zona de rotura del pie de la copa. Utilice un aplicador de precisión para que el pegamento no se derrame. Asegúrese de utilizar pegamento transparente y resistente al agua.

➤ Mantenga las dos piezas firmemente unidas durante 1 minuto.

➤ Aplique cinta adhesiva para asegurar el pie y deje secar unas horas.

Recuerde

El cristal nuevo debe ser 1 ó 2 mm más pequeño que el hueco del marco de la ventana.

Reparación de muebles

Arañazos, manchas de humedad que ha dejado un vaso, pequeños golpes y desconchados en la madera, burbujas de aire o quemaduras de cigarrillo. Estas son las cicatrices que quedan sobre los muebles con el paso de los años y que les dan un aspecto deteriorado y viejo. Algunos trucos muy sencillos pueden devolverles casi su aspecto original, así que ¡manos a la obra!

Equipo básico de herramientas

- Alcohol metílico y aguarrás para limpiar las superficies y quitar barnices
- Quitapinturas
- Líquido para diluir lacas
- Goma laca
- Cera de abejas para dar brillo
- Anilina para tintes
- Pegamentos
- Unos alicates para sacar puntas
- Aceite lubricante para aflojar tuercas y tornillos
- Lejía y amoníaco para quitar manchas
- Aceite de hígado de bacalao y líquidos reparadores especiales para tratar los arañazos
- Papeles de lija y estropajo de alambre fino para limpiar superficies
- Torno de mano para sujetar los muebles mientras se está secando el pegamento

Reparación de manchas y arañazos

➤ Ante una mancha o un arañazo sobre la superficie de un mueble, lo primero es eliminar el polvo y la cera con un quitapinturas.

➤ Utilice lejía diluida para ablandar el barniz, o amoníaco en caso de que las manchas sean muy profundas.

➤ Frote por último con un estropajo fino de alambre y vuelva a barnizar después.

➤ Aplique con un pincel varias capas de barniz diluido con alcohol metílico para quitar los arañazos de sus muebles.

➤ Cuando se sequen, rebaje para que queden al mismo nivel que el mueble.

➤ Para disimular los arañazos es una buena idea utilizar aceite de hígado de bacalao, dejando que penetre en la madera.

➤ Rellene arañazos más profundos con cera natural de abeja, derretida y teñida con anilina para que sea más oscura.

➤ Si quiere quitar alguna abolladura, elimine primero la capa de pintura o barniz con aguarrás y un trapo suave. Coloque un trapo húmedo encima y aplique la plancha hasta que la madera absorba el agua y se hinche. Tenga en cuenta que podrá estar varias horas para conseguirlo. Una vez seca, líjela y píntela o barnícela.

➤ Para hacer desaparecer las quemaduras de cigarrillos, pase lija de vidrio y pinte la madera. Espere que se seque y sáquele brillo.

¡Cuidado!

No deje que la carcoma invada las superficies de sus muebles. Dé una capa de barniz o de algún otro producto especial para conservar la madera.

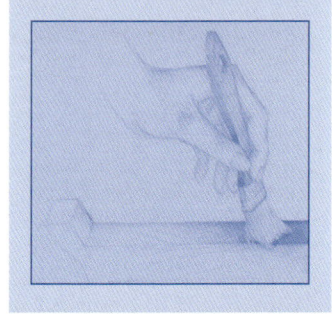

➤ Para eliminar las burbujas de aire, córtelas con una cuchilla, introduzca pegamento en el interior del corte y cubra el espacio con papel de aluminio y una sábana doblada. Pase la plancha durante 1 minuto y deje peso sobre la burbuja hasta que el pegamento se seque.

Restauración de las partes metálicas

Los tornillos, los clavos, los remaches o los tiradores de metal de sus muebles pueden mostrar un aspecto oxidado u oscurecido que empeora mucho la imagen del mueble. Hay tratamientos muy sencillos para estas partes metálicas, pero lo básico es que las repare sin dañar la madera de alrededor.

➤ Recuerde que restaurar no es siempre la mejor solución: además de un aspecto deteriorado, puede ser que el tornillo se halle realmente en mal estado y esté debilitando la ensambladura. En este caso, debe olvidarse de restaurarlo y decidirse a sustituirlo antes de que estropee las piezas de madera.

➤ Suavice los tornillos o tuercas que estén muy apretados con aceite lubricante o, en su defecto, con vinagre. Espere unos minutos para que actúen y desatornille con cuidado, procurando no dañar la muesca del tornillo.

➤ Trate de sacar las puntas que están muy metidas en la madera golpeándolas por el otro extremo.

➤ Saque las puntas que están algo salidas con un martillo de uñeta o con unos alicates, colocando un cartón sobre la madera para no dañarla al hacer palanca.

➤ Si nota que flojean los tiradores de los cajones o de las puertas no dude en sacarlos, rellenar el hueco con papel y pegamento y volver a colocarlos dejándolos secar.

➤ Siempre que pueda, desmonte las piezas metálicas y trátelas por separado: así evitará que los productos de limpieza de metales afecten a la madera del mueble.

➤ Utilice siempre productos especiales para metales: son realmente útiles.

Reparar las patas de los muebles

➤ Si se da cuenta de que un mueble tiene una pata inestable y está sujeta con un tornillo de tuerca, probablemente baste con apretarlo. Pero si esto no fuera suficiente, pruebe a cambiarlo por uno más grueso.

➤ Si detecta que existe una desigualdad entre las patas de uno de sus muebles, procure alargar las más cortas en vez de acortar las largas; en caso contrario, si se equivoca ya no podrá dar marcha atrás para solucionar el problema. Utilice para el alargamiento placas de madera muy fina clavadas en la base de la pata.

➤ Es posible que, con el tiempo, las patas de las mesas le den problemas y tenga que reforzarlas. Primero encólelas y espere a que se sequen. Cuando la cola esté seca, refuércelas pegando un taco de madera a la mesa, al lado de cada pata.

➤ Clave unos tacos de goma en la base de las patas de las sillas o de las mesas para evitar que rayen el suelo. Estos tacos se utilizan también para nivelar las patas si están desiguales. En las sillas, esta solución también evita que la silla haga ruido al arrastrarse en el uso diario.

Conservación y reparación de adornos

La cerámica, la porcelana o el cristal son los materiales habituales en los adornos de una casa. Presentan dos inconvenientes: primero su propia delicadeza, que obliga a limpiarlos y tratarlos con máximo cuidado para que no se rompan, y segundo, la cantidad de polvo que pueden acumular si no se limpian regularmente. Su conservación, por tanto, requiere un trato cuidadoso y regular, y también algunas pautas básicas si hubiera que reparar alguna muesca, algún pequeño golpe o alguna rotura.

Porcelana y cerámica

- Este tipo de materiales no necesitan una limpieza muy intensa: quite el polvo regularmente, y de cuando en cuando hágalo más a fondo con un trapo humedecido en agua con jabón. Seque con un trapo de lino.

- No use detergentes ni lejías para quitar las manchas de la cerámica.

- Puede pasar un cepillo de cerdas suaves para limpiar los dibujos sin deteriorarlos.

- Para limpiar el interior de un jarrón de cerámica deposite un puñado de arena o sal, llénelo con lavavajillas diluido con agua, y agítelo dejando que actúe la mezcla durante una noche.

- Utilice cola epoxídica para juntar piezas de porcelana rotas. Antes de aplicarla, limpie a conciencia las superficies de contacto con un material que no deje pelusa.

- Para disimular las grietas que quedan tras el encolado, limpie bien la zona y cubra la grieta con un trozo de algodón humedecido en agua caliente y lleno de bicarbonato sódico. Moje el algodón de cuando en cuando durante varios días.

- Finalmente, frote con un cepillo de cerdas finas mojado en una solución de agua y amoníaco (5 ml por cada taza de agua). Aclare y seque bien.

Cristal

- Nunca coja una copa por el pie cuando vaya a limpiarla: se puede romper fácilmente.

- Limpie con un algodón humedecido.

- Si el cristal tiene relieve, utilice un pincel de cerdas finas humedecido.

- Si el cristal tiene monturas de metal, procure que no se mojen.

- Recuerde que los cristales antiguos o cualquier otro objeto adornado con pinturas o dorados son extremadamente delicados. Límpielos con un pincel de acuarela o con un cepillo para lentes de cámara fotográfica.

➤ Después de lavar la cristalería con sumo cuidado, meta las piezas en un recipiente de plástico con agua y pieles de limón. El limón corta la grasa, y el ácido liberado abrillanta las copas.

➤ Una vez lavadas las piezas, póngalas sobre un trapo o papel de cocina para que se sequen; nunca las deje sobre una superficie dura, lisa y mojada, ya que pueden resbalarse.

➤ Procure no exponer el vidrio a altas temperaturas ni a cambios bruscos de temperatura, ya que puede romperse.

➤ Guarde las copas boca arriba: de lo contrario se estropearán los bordes y tendrán olor "a cerrado".

➤ Si nota mal olor en los objetos de vidrio, déjelos una noche en remojo con una solución de 5 g de mostaza seca y 1 l de agua tibia, aclarándolos bien cuando acabe.

➤ Si se le hace una muesca en una copa, frote el borde con un trozo de lija extrafino para alisarla. Si ha tenido que rebajar mucho, haga lo mismo con el resto del borde hasta igualarlo. Recuerde que debe dejarlo impecable para que no sea molesto a los labios.

Mantenimiento de floreros

En contraste con la belleza que aportan, los floreros sufren el proceso de desgaste del agua durante varios días, así que requieren cuidados especiales.

➤ Para quitar el anillo blanquecino que deja el agua en el jarrón, empape un algodón o papel de cocina en vinagre y déjelo sobre la marca 5 minutos.

➤ Para eliminar el cardenillo, esa capa verdosa o azulada que se forma en las piezas de cobre, llene la parte inferior del florero con perdigones de plomo y agite. Llene el florero con agua y añada 10 ml de amoníaco. Déjelo reposar toda la noche y, por la mañana, lave y aclare.

➤ Eche arena limpia con un poco de lavavajillas y agua caliente. Agítelo y déjelo en remojo toda la noche. Por la mañana, vuelva a agitar y aclare el jarrón.

➤ Mezcle 15 mg de dentífrico en polvo con medio vaso de agua caliente, déjelo reposar toda la noche y aclare por la mañana.

➤ Para eliminar los restos de plantas de la base de un florero, eche un puñado de hojas de té cubiertas por una capa de vinagre y agite.

Truco casero

Para pulir una copa de cristal fino, haga una pasta fina con levadura y agua para frotar con ella la copa. Posteriormente, aclare y seque con un paño suave para que brille bien.

Cuadros, joyas y libros

Los cuadros, las joyas y los libros son piezas que suelen estar durante años en nuestra casa y de las cuales hay pocos conocimientos sobre su cuidado, conservación y restauración. Sin embargo, suelen ser recuerdos familiares y personales de gran importancia, así que vale la pena tener algunas nociones básicas para mantenerlos en buen estado.

Los cuadros

- Las **acuarelas** pueden restaurarse ligeramente frotando una miga de pan con cuidado y luego limpiando la superficie con un pincel muy suave. Recuerde que este tipo de cuadros deben mantenerse enmarcados con cristal.

- Para los **óleos** se utiliza aceite de oliva o se frota muy suavemente media cebolla blanca (en este último caso, debe airear el cuadro después). Las dos técnicas devuelven brillo y color a la obra.

- El **moho** se limpia con una brocha suave y dejándolo en la habitación más cálida y seca durante unas semanas.

- El ensombrecido a causa del **humo** se restaura vaporizando la habitación (el cuadro no) con agua y un poco de amoníaco.

- Para la **humedad** se pone el cuadro entre capas de papel absorbente. Si la humedad permanece, quítele el marco y ponga el cuadro entre papel secante y con un peso encima. Cambie el papel a diario durante varios días.

Las joyas

- Para deshacer un nudo en una cadena puede espolvorearla con polvo de talco y frotarla entre las palmas de las manos durante unos segundos. También puede poner un par de gotas de aceite sobre el nudo e intentarlo con 2 alfileres.

- Guarde las joyas en bandejas con compartimentos separados, y envuelva las más delicadas en algodón o papel de seda.

Recuerde

Una eficaz forma de evitar que los hongos aparezcan sobre el cuadro consiste en poner una pequeña bolsa de gel de sílice en la parte trasera de cada esquina del marco.

- La mejor forma de conservar las perlas es usarlas: el contacto con la piel hace que conserven su blancura. Si han perdido su color, cepíllelas cuidadosamente con polvo de magnesio. Reviva el color sumergiéndolas en agua de mar, o en casa con agua y sal marina.

- La plata se restaura introduciendo la pieza en agua muy caliente con una solución con jabón en polvo durante 2 minutos. Luego, se frota con un cepillo de dientes.

- Las piezas de oro y platino se limpian con una gamuza. Cuidado con el chapado, pues desaparece con facilidad.

- Un diamante se mantiene en buen estado sumergiéndolo en agua caliente con 2 gotas de amoníaco y jabón durante unos minutos. Cuando el diamante está frío se mete en aguarrás. Luego se coloca sobre pañuelos de papel y se deja secar. El engarce se limpia con un cepillo de dientes.

Los libros

El papel está expuesto a diferentes procesos de degradación, desde la decoloración que lo hace palidecer y amarillear, hasta su verdadera desintegración. La humedad y el sobrecalentamiento son sus principales factores de riesgo, así que hay que controlarlos o poner en práctica algunos trucos de restauración: de esta manera, el papel puede durar siglos.

- La habitación debe estar protegida de la humedad, del exceso de calefacción y del sol directo. Los libros no deben estar en contacto con el suelo.

- Debe quitar el polvo regularmente y no colocarlos muy apretados unos con otros.

- El espacio libre por delante y por detrás mejora la ventilación.

- Ponga bolsitas de gel de sílice en el medio de la estantería y en las esquinas para evitar la humedad. Cuando el sílice se vuelve blanco, es que ya no puede absorber más humedad.

- Restaure las portadas de cartón con una simple goma de borrar.

- Las cubiertas de cuero suelen agrietarse. Límpielo suavemente con agua y jabón sólo humedeciéndolo.

- Las polillas de papel se evitan fumigando. Un repelente natural es una bolsita con cáscaras de naranja secas.

- Las manchas de grasa en el papel se van con un algodón humedecido en alcohol y mucho cuidado.

Trabajos con telas

Además de la costura que precisa el vestuario personal, la mejora y mantenimiento del hogar también requiere algunos trabajos de costura que pueden emprenderse fácilmente, desde coser y colocar unas cortinas hasta tapizar unas sillas o teñir telas para reaprovecharlas.

Coser y colocar unas cortinas

Tipos de telas

- Aunque la gama de telas es muy amplia, los tejidos más utilizados son los de lino o algodón.
- Si quiere claridad, opte por un algodón muy ligero o una simple gasa.
- Si quiere un estilo más clásico, elija terciopelo o seda.
- Para cocinas y cuartos de baño, utilice telas plastificadas.
- Piense que puede emplear galones o tiras bordadas para rematar la tela de las cortinas.

Las medidas de la cortina

- Es uno de los temas más delicados, ya que a veces es fácil equivocarse, de manera que, después de mucho trabajar, las cortinas quedan cortas o muy estiradas, al no haber calculado más anchura para que se formen los pliegues naturales.
- Deje siempre tela de más para hacer un dobladillo grande: si la cortina encoge al lavarla, siempre podrá sacarle un poco de dobladillo y no le quedará corta.
- Las cortinas deben llegar hasta el suelo, e incluso pueden arrastrar un poco.
- Los visillos cortos son apropiados para ambientes rústicos y para cocinas y baños.

Colgar las cortinas

- Lo más común son las barras o rieles con un sistema de poleas y carriles que permiten correr la cortina.
- La barra debe ser algo más ancha que la ventana, para que al poner la cortina tape el marco y la cinta de la persiana.
- La barra se puede disimular con una galería de cortina del mismo tejido.
- Las barras que se encuentran a la vista pueden sostener cortinas sin sistema de cierre y apertura, de forma que la cortina se sujeta por anillas y se abre y se cierra tirando de la tela. Es práctico, pero la tela acaba ensuciándose en la zona que siempre tocamos.
- Fije bien la barra a la pared, con taladro, tacos y buenos tornillos, para que quede bien sujeta y no haya peligro de que se caiga al tirar un día para abrirla o cerrarla.

Tapizado de una silla

Tapizar una silla es casi como estrenar una nueva. Si se atreve con todo el proceso, verá que es más sencillo de lo que parece.

- Si es la primera vez que lo hace, opte por telas de estampados pequeños: es más fácil cortar y situarlo sin que el dibujo quede entrecortado al ponerlo en la silla.
- Tome las medidas con cuidado asegurándose de que son correctas: recuerde que si le cambia la espuma, la nueva no estará deformada por el peso, tendrá un poco más de volumen y puede necesitar algún centímetro de tela más.
- Tome la medida sobre la silla, y luego contrástela con la medida de la tela vieja una vez quitada: le puede servir de patrón.
- Recuerde que la tela necesita un buen dobladillo para dar una mejor sujeción a los remaches.
- Fije la tapicería nueva con unos alfileres o unas grapas provisionales para ver si queda bien. Una vez comprobado, ponga los remaches definitivos.

TINTADO DE TELAS

Es un recurso no muy utilizado en casa y, sin embargo, muy sencillo y de estupendos resultados.

TIPOS DE TINTE

- **Tintes de agua fría**: se presentan en polvo y se mezclan con agua o con sosa. Se utilizan a mano y a máquina. Son muy apropiados para telas que se lavan a menudo, ya que no destiñen. Se recomiendan para las fibras naturales y para las mezclas de poliéster y algodón.

- **Tintes líquidos de agua caliente**: son muy fáciles de utilizar, a mano y a máquina. Son recomendables para telas lavables y fibras sintéticas, pero no para el poliéster. Hay que tener cuidado porque pueden desteñir.

- **Tintes multiuso**: se presentan en polvo y también pueden utilizarse a mano o a máquina, pero pueden asimismo desteñir.

TELAS NO APROPIADAS PARA EL TINTE

- No son adecuados los acrílicos, la angora, el pelo de camello, el cachemir, las fibras tratadas y las mezclas con poliéster o lana.

- Pruebe siempre el tinte en una parte de la tela que no sea visible y verá cómo queda.

PROCESO DE TINTADO

- Para que la tela absorba el tinte de manera uniforme, es imprescindible que antes **lave la tela** para eliminar manchas o restos de almidón.

- Si la tela original tiene zonas descoloridas, es preciso un tratamiento de **decoloración** que haga la tela uniforme antes de teñirla definitivamente.

- Recuerde que las marcas de lejía o las quemaduras de plancha son muy difíciles de teñir.

- Asegúrese de que el recipiente que va a utilizar es suficientemente grande para mover la tela en su interior con comodidad.

- Empape la prenda antes de sumergirla en el tinte y procure que quede totalmente sumergida.

- Si quiere obtener el tono que indica el tinte, no utilice más de 7 l de agua por bote de tinte. Lea siempre las **instrucciones** y las dosis adecuadas.

- Si utiliza la lavadora, pase las telas al final por un programa de agua caliente con detergente y un poco de lejía.

Instalar un WC

Un golpe accidental puede abrir una grieta o un desconchado en su inodoro, o simplemente puede ocurrir que esté muy viejo y quiera cambiarlo. Parece una tarea muy complicada, pero en realidad es bastante sencilla y le ahorrará que un técnico le cobre el desplazamiento, la mano de obra y el recargo sobre el coste del inodoro nuevo.

Desmontar el viejo inodoro

➤ Lo primero es cerrar la llave de paso del agua.

➤ Asegúrese de que la cisterna está vacía. Si no es así, tire de la cadena.

➤ Desmonte la cisterna y el tubo de entrada del agua.

➤ Posteriormente desatornille la taza del inodoro: está sujeta al suelo con tornillos grandes que suelen verse sin ninguna dificultad. Tendrá que darle unos golpes con el pie porque, además de los tornillos, está encolada al suelo.

➤ Cuando quite la taza le quedará a la vista el desagüe: elimine los restos de cola, masilla o escombros que pueda haber.

Instalar el nuevo inodoro

➤ Coloque el manguito o codo de plástico adecuado a la salida del desagüe.

➤ Encaje bien la salida y la taza y coloque ésta en su sitio exacto hasta que vea los agujeros del suelo para los tornillos de sujeción.

➤ Si no coinciden los puntos de sujeción, sitúe la taza nueva de manera que tape los viejos agujeros y utilice el taladro para abrir agujeros nuevos.

➤ Utilice tacos de plástico para que la sujeción sea óptima.

➤ Utilice tornillos de entre 5 y 7 cm de longitud y los tacos correspondientes.

➤ Es probable que la forma de la taza no le deje hacer los agujeros en vertical y se vea obligado a perforar en diagonal. No se preocupe, aunque procure que todos tengan la misma inclinación para que las fuerzas que soporta la taza se repartan uniformemente y no corra el riesgo de agrietarse.

➤ Proteja la taza con arandelas de plástico que eviten que al atornillar fuerte se pueda desconchar o romper la cerámica de la taza.

➤ Coloque y atornille la cisterna, y conecte el man-

Recuerde

Antes de dar por finalizado el trabajo debe asegurarse de haber conectado bien el desagüe de salida y el manguito de entrada. De lo contrario, se encontrará con una inundación.

Ahorre dinero

Muchas veces basta con cambiar la tapa de la taza del inodoro para darle un aspecto más nuevo. Si su viejo inodoro funciona todavía bien y no quiere gastar tanto dinero, busque una nueva tapa (las de plástico son muy económicas) y combínela con una alfombra de baño o unas toallas a juego y verá cómo el cuarto de baño mejora su aspecto.

guito del agua. Abra la llave de paso y asegúrese de que la cisterna se llena bien y el mecanismo del flotador funciona a la perfección para detener el llenado. Tire de la cadena y compruebe que el desagüe no pierde.

➤ Finalmente, coloque la tapa de la taza del inodoro.

Adaptación del manguito

➤ Es frecuente que el modelo nuevo no coincida con el antiguo, así que el manguito de entrada del agua no siempre se empalma con facilidad.

➤ Opte por manguitos flexibles en lugar de tuberías rígidas y será más fácil la adaptación.

➤ Adquiera manguitos con la llave incorporada y se evitará adaptar una llave de paso.

➤ Procure que los manguitos lleven también en los extremos o bien boquillas o bien empalmes de rosca, puesto que facilitarán en gran medida la operación de empalme.

➤ Lo mejor es que cuando compre el inodoro nuevo se asegure de que viene con todos los empalmes y manguitos. Si no es así, pida asesoramiento en la misma tienda especializada para que le proporcionen los complementos que se ajustan al modelo que ha elegido.

➤ Recuerde que todos estos empalmes dependen del modelo de inodoro: si la cisterna se encuentra en lo alto de la pared se suelen utilizar tuberías rígidas, y si la cisterna está justo encima de la taza, a modo de respaldo, bastará con un manguito corto y flexible.

Combatir la humedad y las filtraciones de agua

*E*xisten causas muy diversas que pueden provocar humedad en una casa. A veces la propia porosidad de los materiales de construcción deja pasar el agua o la humedad, otras veces son pequeñas grietas o fisuras en las paredes las que dejan pasar la humedad igualmente, y en ocasiones puede ser incluso muy alta la condensación, ya que el vapor de agua se convierte en pequeñas gotitas al contactar con el frío de la pared. Conocer la causa es, sin duda, el primer truco para combatir la humedad.

Limpieza de la superficie

La pared que va a recibir el tratamiento debe limpiarse concienzudamente antes de la aplicación de cualquier capa protectora contra la humedad. Lo más contundente es un limpiador de alta presión, que puede alquilar o comprar en tiendas especializadas en bricolaje.

Tratamiento antimusgo

El musgo se forma en lugares húmedos, frescos y poco soleados. Cuando aparece en grandes cantidades impide la ventilación y aumenta aún más la humedad de la zona. Quítelo con el mismo limpiador de alta presión y luego aplique un producto antimusgo con un cepillo, una esponja o una pistola, y luego enjuague con agua. Utilice el tratamiento también como prevención antes de que se haya formado musgo.

Las pinturas viejas

Muchas veces, las pinturas viejas forman desconchados y grietas donde se acumula la humedad, que acaba calando

Recuerde

Un limpiador de alta presión es lo más adecuado para lavar aquella superficie que va a recibir un tratamiento antihumedad.

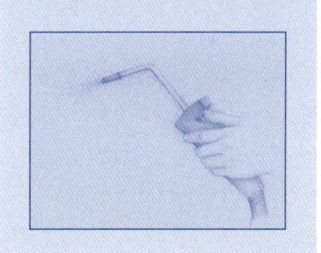

e infiltrándose por la pared. Utilice una vez más el limpiador de alta presión y luego acabe la labor con una rasqueta hasta que sólo quede pintura bien adherida a la pared. Deje secar bien, aplique un fondo que tape cualquier grieta y luego vuelva a pintar de nuevo.

Los techos

Cambie cualquier teja, pizarra o uralita que presente la más mínima rotura. A buen seguro, se ahorrará males mayores. Aplique un producto aireante sobre estos techos, con el que conseguirá tapar los poros del material e impedirá filtraciones.

Los puntos de unión

Los puntos de unión son lugares muy vulnerables para que se cuele el agua. La junta entre el tejado y la chimenea es un punto típico de humedad, como también lo son las juntas del suelo de la terraza con la pared. Utilice cintas de estanqueidad especiales para cubrir y proteger estas líneas de unión.

Recubrir superficies

A veces es toda una superficie la que sufre de porosidad, por ejemplo el techo plano de un cobertizo o un terrado. Lo mejor es cubrirlos totalmente con una capa de goma líquida. Primero se da una capa de fondo y luego se aplica una goma líquida con un rodillo. La goma se infiltra totalmente en los poros y en las desigualdades formando una capa uniforme y aislante.

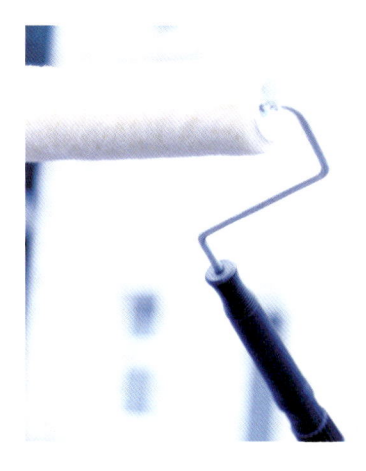

Soluciones de emergencia

Si descubre la infiltración en plena tormenta, recuerde que existen productos especiales para reparaciones de urgencia. Son productos preparados para aplicarse incluso bajo la lluvia, en forma de pasta, con rodillo o brocha, así que aunque pasen unos minutos, tape el punto de infiltración como pueda, ponga algún recipiente que recoja el agua si llega a gotear y vaya rápido a la tienda especializada. Si cuando vuelve sigue lloviendo, podrá aplicar el producto igualmente y evitar que siga deteriorando su casa.

Limpieza de las canalizaciones

Las canalizaciones acumulan hojas, ramas y otros residuos que pueden llegar a embozar algún punto del recorrido del agua. En ese punto, por contacto continuo, se producirán filtraciones. Mantenga las canalizaciones del tejado (y las que van al pie de la pared) siempre despejadas, y esté atento a cualquier mancha en las paredes de su alrededor.

Las paredes enterradas

Las paredes que se prolongan por debajo del nivel del suelo exterior pueden verse castigadas por las aguas que se filtran a través de la tierra. Si esto ocurre, tendrá que cavar la tierra hasta dejar a la vista la parte de la pared oculta, proceder a realizar un tratamiento impermeabilizador y luego volver a poner la tierra en su sitio.

Los cimientos

En este caso, no sirven los tratamientos que forman una película protectora en la superficie del material. Es necesario utilizar productos que penetren en los poros y neutralicen la humedad. Será necesaria una capa sobre fondo seco y luego hasta 3 capas más suplementarias.

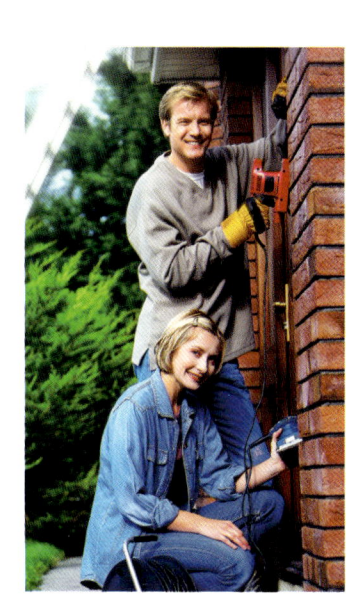

Recuerde

Vale la pena hacer bien el tratamiento aunque sea muy pesado: si lo hace, habrá solucionado el problema para siempre, pero si no es un buen trabajo, puede tener el mismo problema en pocos días.

Hacer un pequeño jardín

Si la terraza constituye una buena forma de prolongar la casa, el jardín resulta todavía más importante, ya que a la gracia del aire libre hay que sumarle el suelo natural, la tierra y el césped. La sensación es mucho más natural, el suelo no es tan duro y permite la incorporación de plantas, pequeños estanques, fuentes y otros detalles.

Preparar el suelo para sembrar césped

- Elija bien el emplazamiento, ya que algunos factores, como el tipo de suelo, van a determinar si resulta viable el desarrollo y conservación del césped.

- Un suelo arenoso, que deja pasar con facilidad el agua y los elementos nutritivos, puede mejorarse con aportaciones de humus, arcilla o turba.

- Trabaje el suelo con una profundidad de 20 cm. Puede alquilar un pequeño arado motorizado.

- Elimine piedras, raíces y cascajos.

- Extienda después los abonos y los productos correctivos mencionados.

- La vuelta del suelo se efectúa preferentemente antes del invierno. Luego, el suelo tendrá tiempo de volverse a cerrar de forma natural antes de la primavera.

- Después del invierno hay que aplanar el suelo con un rastrillo.

- Lo siguiente es allanar el suelo con un rodillo, en un día de buen tiempo y con el suelo seco.

Sembrar el césped

- Se siembra en primavera, con la tierra suficientemente caliente y húmeda, casi siempre una mezcla de diferentes tipos de césped.

- Antes, hay que rastrillar bien el suelo para desmenuzar la tierra en superficie, lo que facilita mucho la germinación de las simientes.

- Puede sembrar a mano, con un gesto amplio y regular. Calcule unos 35-40 g/m².

- Luego pase el rodillo para apisonar. No se trata de enterrar las semillas, sino de hundirlas y cubrirlas suavemente de tierra.

- Riegue con una lluvia fina y delicada que no mueva la tierra. Si el tiempo es seco, humedezca la tierra cada día.

El primer corte

- El primer césped sale a la semana, aunque puede tardar 3 ó 4 semanas.

- Cuando alcance los 5 cm de altura pase el rodillo para aplanar la tierra, lo que a su vez favorecerá el crecimiento.

- El primer corte se hace al alcanzar los 10 cm.

- No deje la hierba cortada sobre el césped.

¿Sabía que...?

Limpie muy a conciencia con alcohol sus herramientas después de haber podado un árbol o un arbusto que estuviera enfermo.

Mantenimiento del césped

➤ Los bordes se mantienen pulcramente delimitados cortando en vertical con una pala y un tablón que haga de guía.

➤ Utilice un cortacésped con sistema de recogida simultánea de la hierba y así al acabar no tendrá que recogerla.

➤ El césped requiere un riego abundante para que el agua alcance las raíces. Los riegos frecuentes pero escasos no sirven prácticamente de nada.

➤ La aportación de abonos hace que el césped esté más robusto y sea resistente al pisoteo, y lo protege mejor contra los musgos y las malas hierbas.

➤ No utilice nunca herbicidas durante el primer año de crecimiento

➤ Tendrá que ir resembrando algunas zonas: malas hierbas como el trébol o el diente de león irán ganando espacios que luego dejarán huecos pelados, ya que son plantas anuales.

Calendario de mantenimiento del césped

➤ Se **siembra** en los meses de abril, mayo y junio, aunque también en septiembre y octubre.

➤ Los **tratamientos antimusgo** se hacen en febrero, marzo y abril.

➤ Los **abonos** se aportan de marzo a junio.

➤ Se **escarifica** entre febrero y abril.

➤ Los **herbicidas** se utilizan entre mayo y junio.

➤ Se **airea** en junio.

➤ En septiembre se puede sembrar, escarificar, airear y hacer los tratamientos herbicidas.

Los setos

Se podan decorativamente al gusto, aunque si quiere una poda completa hágala a 20 cm del suelo y rebrotará como si fuese nuevo, pero con un crecimiento muy rápido, ya que las raíces son mayores.

Un pequeño huerto

➤ Busque un rincón con buen suministro de luz y calor, preferiblemente orientado al Sur.

➤ Protéjalo del viento: un seto es la mejor solución.

➤ Prevea caminillos de acceso para no pisarlo.

➤ Una parcela de 3 x 4 m ya le permite tener algunos productos durante todo el año.

➤ Para no agotar la tierra, alterne los cultivos.

➤ No olvide que un huerto requiere tiempo y cuidados.

➤ Iníciese en la tarea con verduras "precoces", como las zanahorias de primavera, los rábanos o las lechugas.